S 美丽无瑕·
科学护肤指南

禾葡兰问题肌肤研究院 编著

中山大学出版社
·广州·

版权所有　翻印必究

图书在版编目（CIP）数据

美丽无瑕：科学护肤指南/禾葡兰问题肌肤研究院编著．—广州：中山大学出版社，2021.9

ISBN978 - 7 - 306 - 07259 - 7

Ⅰ．①美…　Ⅱ．①禾…　Ⅲ．①皮肤—护理—指南　Ⅳ．①TS974.11 - 62

中国版本图书馆 CIP 数据核字（2021）第 147035 号

MEILI WUXIA：KEXUE HUFU ZHINAN

出 版 人：王天琪
策划编辑：罗永梅
责任编辑：罗永梅
封面设计：曾　婷　彭丽莹
责任校对：吴茜雅
责任技编：何雅涛
出版发行：中山大学出版社
电　　话：编辑部 020 - 84110283，84113349，84111997，84110779，84110776
　　　　　发行部 020 - 84111998，84111981，84111160
地　　址：广州市新港西路 135 号
邮　　编：510275　　　传　真：020 - 84036565
网　　址：http://www.zsup.com.cn　E-mail:zdcbs@ mail.sysu.edu.cn
印 刷 者：广州市友盛彩印有限公司
规　　格：787mm×1092mm　1/16　14.75 印张　248 千字
版次印次：2021 年 9 月第 1 版　　2021 年 9 月第 1 次印刷
定　　价：68.00 元

如发现本书因印装质量影响阅读，请与出版社发行部联系调换

本 书 编 委 会

主　编：沈海波

副主编：吴承庆　陈　方

成　员（按姓氏笔画排序）：

Aimee　叶莹莹　刘　霞　李　亚

肖　卓　吴可敏　吴建立　沈丹萍

沈海连　蔡瑞娟

前　言

　　爱美之心，人皆有之。如何使自己的肌肤更加美丽、容颜更加漂亮，实现青春常驻，可以说是女性朋友们一生的追求。作为美容行业的一员，我曾经看到很多女性朋友因为皮肤问题而心生烦恼。为了解决皮肤问题，她们之中的很多人走过不少弯路，甚至误入歧途——每次都是满怀希望地开始，最终却又因失望而放弃，徒增伤感。

　　皮肤问题并不是与生俱来的，更多是后天产生的。由于缺少必要的皮肤常识和科学的护肤技巧，日常的护肤变"误肤"，最终导致皮肤屏障受损，出现一系列的皮肤亚健康问题。

　　造成皮肤问题的另一个重要原因是护肤品行业乱象丛生。一些不良厂家和品牌浑水摸鱼，通过过度宣传、夸大功效、过度推销等方式扩大销售、牟取暴利。更有甚者，制造"毒面膜"，在产品中添加违禁物质，严重损害了消费者的权益和健康。很多消费者因为缺乏正确的护肤知识，只能选择盲目从众，被广告、熟人推荐等带入误区，成了被试验的"小白鼠"而不自知，不但花了冤枉钱，皮肤问题也没有得到解决，有些反而更加严重了。

　　本书是集体智慧的结晶，是多位资深皮肤科医生、高级别美肤专家长期为客户提供护肤咨询、皮肤问题解决方案的实践经验总结，书中内容得到不少于30万份皮肤护理与问题皮肤改善的个案验证。对于那些护肤经验较少、想要了解基本的皮肤知识、进行科学护肤的人群，本书可以提供关于皮肤基础知识、护肤产品知识与护肤实操的全面指南。

　　本书共分为五章，由浅入深，循序渐进，分别讲述了皮肤基础知识、护肤品知识、基础皮肤类型及护理、问题皮肤类型及护理、护肤美学等内容。既有知识讲解，也有具体的实践指导和疑难问题解决，以帮助读者实现科学护肤。

第一章主要讲解皮肤的基础知识，包括皮肤的结构、功能，明确皮肤对于人体的重要意义。其中，皮肤屏障功能尤为重要，是人体防御外界因素侵害的"万里长城"，其健康与否直接决定了肌肤状况的好坏。

第二章主要讲述护肤品的基础知识。护肤品可以分为基础护理类与特殊护理类。其中，清洁、保湿、防晒护肤品属于皮肤的日常基础护理范畴；抗敏、抗痘、美白与抗衰护肤品则属于对皮肤的亚健康状态或皮肤问题进行特殊保养与护理的范畴。

第三章主要介绍基础的皮肤类型和日常的基础护理。中性皮肤、干性皮肤、油性皮肤或混合性皮肤各有其独特的成因和特点，只有首先识别自己的皮肤属于哪种基础皮肤类型，才能选择合适的护肤品和护肤方法，才能使护肤不走弯路。

第四章主要介绍五种常见的问题皮肤及其护理方法，是本书的重点和难点。敏感性、痤疮性、色素性和衰老性皮肤是最为常见的亚健康皮肤类型，成因复杂，症状明显，改善周期较长，往往给人带来极大的困惑和烦恼。本章较为系统地介绍了各类型问题皮肤的症状、成因、分级、诊断方法及针对性的护理解决方案，具有一定的专业性。

第五章主要介绍护肤的正确理念，提出了"一花五叶"科学护肤方法论。护肤是一个长期的过程，可以把它当成是一种生活方式、一种人生的修行。同时，护肤受到多种重要因素的影响，需要环境、饮食、作息、心情、运动等多项支持性措施的辅助，才能得到最好的效果。

最后，衷心祝愿所有的女性朋友们都有一个漂亮的"门面"——让女人更美丽，让生活更美满，让世界更美好！

沈海波

目 录

第一章

皮肤的奥秘

一副好皮相，出场自带光。

在古代，文人用"肌如白雪""肤若凝脂"来形容一位佳人的美丽肌肤。而在崇尚美丽、时尚的现代社会，拥有美丽健康的肌肤更是无数女性同胞的共同追求，关于"科学护肤"的呼声日益高涨。

正确地认识皮肤，才能科学地进行护肤。在本章，我们将开启认识皮肤奥秘的探索之旅，了解皮肤的基础知识，认识皮肤屏障功能的重要性，并一同领略皮肤的健康之美。现在，就让我们正式启程，寻找开启科学护肤大门的第一把钥匙吧！

皮肤是人体最大的器官

　　提到人体器官，我们首先想到的可能是心、肝、肾、胃、肺这五大内脏器官，它们处于身体内部，彼此承担着不同的功能却又互相协作，共同维持生命机体的正常运作。然而，可能很多人都不知道，皮肤才是人体最大的器官，并且发挥着非常重要的作用。

　　据科学统计，皮肤中表皮与真皮的重量约占人体总重量的5%。也就是说，如果一个人的体重为 50 kg，皮肤的重量就约为 2.5 kg。与 1.4 kg 左右的大脑、1.2 ～2.0 kg 的肝脏相比，皮肤可谓是"重量级选手"。如果再加上皮下组织，皮肤的重量更可达体重的 16% 左右，所以说皮肤才是人体最大的器官。

　　一个成年人的皮肤总面积为 1.5 ～ 2.0 m²。设想一下，如果将一个人的皮肤水平展开，其面积可以覆盖一张单人床，这是人体其他器官所无法比拟的。

　　如果不计算皮下组织，成年人的皮肤厚度一般为 0.5 ～4.0 mm（0.5 mm 约为 5 张 A4 纸的厚度）。但皮肤厚度还会随着年龄、部位的不同而有所变化。就年龄而言，新生儿的皮肤较薄，平均约为 1 mm；就部位而言，位于眼睑部位的皮肤最薄，不足 1 mm，而足底部位的皮肤最厚，约为 4 mm。总体来看，儿童皮肤比成年人薄，老年人皮肤比中年人薄，女性皮肤又比男性薄。

　　许多人对皮肤的印象很简单——不就是包裹于人体表面的一层膜吗？但在皮肤科专家眼中，皮肤是一种极其复杂又充满许多未解之谜的组织，每 1 cm² 的皮肤中，就包含着 200 多万个细胞、100 多个汗腺、65 根毫毛①及众多的毛细血管。由此看来，人体皮肤一点都不简单，对皮肤进行系统化的认识就是一门大学问。

皮肤仅仅是人体的"面子工程"吗？现在，请你轻轻地触摸或用力地揪一下自己的皮肤，你会有舒服或疼痛的感觉。实际上，皮肤承担着人体多项不可替代的生理功能，起着屏障保护、体温调节、分泌、排泄、吸收和感觉等重要作用（图 1-1）。

图1-1　皮肤的六大功能

皮肤是人体的第一道防线。完整、健康的皮肤，犹如一道城墙，能将诸如病原体、有毒物质、过敏原等入侵者隔绝在人体之外。

皮肤还像一台天然的人体空调，发挥着散热、保暖的作用。由于皮肤位于人体的最外层，而且其面积也相当大，所以，皮肤可以通过散热的方式来调节体温。皮肤散热的比例约占全身散热量的 82%。皮肤主要通过辐射、蒸发、传导和对流的形式来散发热量。

---

① 毫毛：汗毛。医学上指除头发、阴毛、腋毛以外，其他部位所生的细毛。

皮肤的分泌和排泄功能主要是通过皮脂腺和汗腺来实现的。皮脂腺可分泌皮脂，它具有滋润皮肤、保护毛发的作用，据统计，人体每天可分泌皮脂 20～40 g。汗腺可分泌汗液，成年人皮肤中的汗腺总数为 200 万～500 万个，每天可排出汗液 500～1 000 mL，从而将体内部分代谢产物如尿素、无机盐、乳酸等排出体外。

健康、正常的皮肤还能吸收一些外部物质的成分，如油脂类物质和挥发性液体等。皮肤的吸收功能主要通过角质层细胞、角质层细胞间隙和毛囊、皮脂腺或汗管三个途径来实现。医学中，某些疾病会采用外敷药物的方式来进行治疗；日常护肤时，护肤品的一些有效成分也能够通过合适的护肤方式被皮肤有效吸收，从而达到良好的护肤效果；两者都是利用皮肤的吸收功能来实现的。

如果一只蚊子悄悄地落在你的皮肤上，你会精确地知道它在身上的某个具体部位，这归功于皮肤的感觉功能。皮肤中具有丰富的神经分布，据研究，在每平方厘米的皮肤区域内，其神经总长度可达 25 cm，神经末梢可达 1 800 个。所以，皮肤还可以通过感觉细胞和茸毛，以及指尖每平方厘米上的 2 500 个感受器来判断外部环境是寒冷还是干燥，触摸的对象是粗糙还是光滑，质感是柔软还是坚硬，等等。

面部皮肤还是人类心理活动和情感交流的汇集点。人们的喜怒哀乐，通常会通过不同的面部表情反映出来；而人们的皮肤状态也会受到情绪的影响，在积极情感的刺激下，人会显得容光焕发，皮肤变得透亮、有光泽、弹性好，而消极情感则会使人显得暗淡无光、更容易衰老。

精妙绝伦的皮肤结构

技艺精湛的裁缝花费数月时间制作一套锦绣华服毫不夸张。然而，你会更加惊叹于"造物主"的神奇：皮肤细胞在新陈代谢过程中，短短数周内就织就了约 2 m² 极为精美的新皮肤。通过显微镜放大观察，你会发现皮肤的构造丝毫不比锦绣华服简单，用精妙绝伦来形容毫不为过。

1. 皮肤的 "蛋糕结构"

简单来看，皮肤的总体结构像极了一块蛋糕，由表皮、真皮和皮下组织三部分构成（图 1 - 2）。位于最上层的像是包裹着一层奶皮的是表皮层，处于中间位置如同夹着的奶油的是真皮层，最下面的犹如蛋糕胚的是皮下组织层。

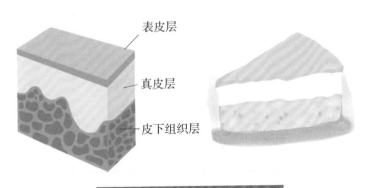

表皮层

真皮层

皮下组织

图1-2 皮肤与蛋糕的结构比较

皮肤除毛发、指（趾）甲、汗腺、皮脂腺等皮肤附属器外，还含有丰富的神经、血管、淋巴管及肌肉（图1-3）。皮肤的每层结构、每个组成部分都拥有独特的功能，它们相互协作，共同维系着健康的皮肤环境，不可或缺。而在这薄薄的 0.5 ～4.0 mm 的一方天地中，还有许多需要我们去了解的皮肤知识，它们是通向科学护肤的玄妙之门。

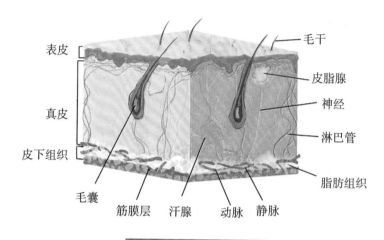

表皮
真皮
皮下组织
毛囊　筋膜层　汗腺　动脉　静脉
毛干
皮脂腺
神经
淋巴管
脂肪组织

图1-3　皮肤解剖结构

2. 表皮

表皮是皮肤的浅层结构。表皮的英文是 epidermis，其中"Epi"是希腊语，意为"之上"；"Dermis"也是希腊语，意为"皮肤"，是我们可以直观看到并感受到的皮肤层。表皮厚 0.05 ～1.50 mm。如果说皮肤是身体的防护墙，那么表皮就是皮肤的守护神，它直接体现皮肤的外观及健康状态，并赋予皮肤以质感，参与皮肤的保湿和肤色的形成，是皮肤美容的重要载体。

表皮从基底至表面，可依次分为基底层、棘层、颗粒层、透明层和角质层共五层（图1-4）。构成表皮主体的是角质形成细胞，约占表皮细胞数量的80%。该细胞自最底层的基底细胞开始不断增殖，在向上移动的同时分化产生坚韧的角蛋白，并在到达顶部角质层时开始脱落。表皮细胞从内而外地漫游完一生，经历完整的"新生—成熟—脱落—再生"四步循环，其周期约需28天，这就是皮肤的新陈代谢过程（图1-5）。

基底层位于表皮的最深处，与真皮的交界处呈波浪状。基底层含有两

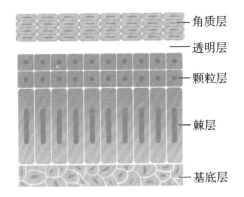

图1-4　表皮层结构

右侧标注（自上而下）：
- 角质层
- 透明层
- 颗粒层
- 棘层
- 基底层

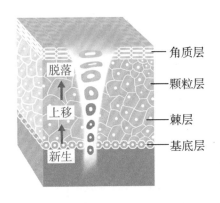

图1-5　皮肤新陈代谢过程

左侧标注（自上而下）：脱落、上移、新生

右侧标注（自上而下）：
- 角质层
- 颗粒层
- 棘层
- 基底层

种非常重要的细胞，分别是表皮干细胞和黑色素细胞。表皮干细胞可以不断产生新的细胞，以供皮肤新陈代谢。黑色素细胞中黑色素颗粒的大小和多少决定了皮肤颜色的深浅，黑色素颗粒也能够吸收紫外线，使皮肤深层组织免受紫外线辐射的损害，起到一定的保护作用。基底层的细胞分裂较为活跃，不断诞生"新生细胞"并向表层推移，因此也称为生发层。

棘层位于基底层的浅面，由4～8层多角形细胞组成，该细胞较大，有许多棘状突起。"新生细胞"一边往上迁移，一边成长为"青少年细胞"，到达棘层后，细胞开始由圆柱形变成多边形，紧密连接，并开始分化产生坚固的角蛋白。角蛋白位于皮肤屏障的最外层，也是指甲、毛发的结构成分，主要功能是维持上皮组织的完整性及连续性。

颗粒层位于棘层的浅面，由 1～3 层梭形细胞组成，细胞质中含有大小不等的透明角质颗粒。"青少年细胞"进一步成熟为颗粒状，成为忠于职守的"成年细胞"，其吸水性变得更强，质地也更加坚硬，同时还会分泌以神经酰胺、游离脂肪酸和胆固醇为主要成分的细胞间脂质，填充细胞之间的缝隙，进一步加固皮肤防线。

透明层位于颗粒层的浅面，由 2～3 层无核的扁平细胞组成，细胞质中含有嗜酸性透明角质，是由颗粒层细胞的透明角质颗粒变性而来。透明层仅存在于手掌与脚掌中，具有防止水、电解质与化学物质通过的屏障作用。

角质层位于表皮的最浅层，由 10～20 层扁平无核的死亡角质细胞组成，细胞质内充满嗜酸性的角蛋白，对酸、碱和摩擦等因素具有较强的抵抗力。在角质层，"成年细胞"老化并死亡，常呈小片脱落，形成皮屑，与细胞间脂质共同构成了坚固的"砖墙结构"（图 1－6），形成一道稳定的皮肤屏障，避免人体水分过度散失，保持皮肤光滑、滋润的外观，同时阻止有害物质侵入，起到维持机体稳态的作用。

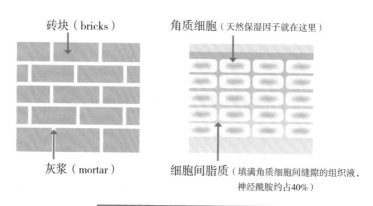

砖块（bricks）

角质细胞（天然保湿因子就在这里）

灰浆（mortar）

细胞间脂质（填满角质细胞间缝隙的组织液，神经酰胺约占40%）

图 1－6　角质层"砖墙结构"

特别值得一提的是，角质细胞中含有两种非常重要的物质：角蛋白和天然保湿因子（natural moisturizing factor，NMF）。角蛋白具有很强的吸水性，能够帮助我们的皮肤锁住水分，保持含水量。同时，角蛋白还能降解成 NMF，亲水性很强，能在角质层中与水结合，并通过调节、贮存水分而保持角质细胞间含水量，使皮肤自然呈现水润状态。需要注意的是，许多因素会造成皮肤 NMF 含量减少，如过度清洁、相对湿度较低、紫外线照射、年龄增大等。如果 NMF 缺乏，则会造成肤色暗沉，表皮产生细纹并变得干燥和敏感。

3. 真皮

真皮介于表皮与皮下组织之间，主要由成纤维细胞、纤维和基质构成，并含有血管、淋巴管、神经、皮肤附属器及其他细胞成分。与单薄的表皮相比，真皮厚约 2 mm，里面充满了致密的结缔组织，使皮肤具有坚韧的抗拉强度，并充满弹性。真皮层内布满了血管，可通过血液循环来调节身体散热，犹如一个构造精良的人体空调系统。需要降温时，皮肤中的汗腺会蒸发体内水分，开启制冷模式；需要保暖时，皮肤会减慢血液循环，使身体进入低耗能模式。

真皮含水量约为 70%，可谓是天然的储水池。真皮往下对皮下组织可保护其免受机械性损伤，往上对表皮可提供水分、营养等，增强表皮的屏障功能。

真皮由外向内分为乳头层和网状层。乳头层结缔组织向表皮突起形成乳头，含有丰富的毛细血管与神经末梢，毛细血管的扩张和收缩有助于体温调节，神经末梢则可以感受外界的刺激。若毛细血管因外界不利因素反复受刺激，就会丧失收缩能力，出现"红血丝"。

网状层中含有大量的真皮结缔组织，主要由胶原纤维、弹性纤维和网状纤维所组成，填充其间的是基质。各种纤维和基质都是由成纤维细胞所合成，其中胶原纤维含量最为丰富，起着真皮结构的支架作用，并使真皮富有韧性。弹性纤维使皮肤具有弹性，网状纤维则是一种特殊类型的细胶原纤维。

我们经常用"满脸的胶原蛋白"来形容貌美肤白的年轻女性，她们的皮肤丰满、紧致、光滑，令人羡慕不已。实际上，胶原蛋白（图 1–7）是胶原纤维的主要构成成分，同时也是皮肤中的一种重要蛋白质，皮肤的生长、修复、营养及弹性、张力等都与它有着密切联系。年轻时，人体能够自己制造许多胶原蛋白，但它们的"产量"会随着年龄增长而减少。胶原蛋白的流失会使皮肤产生皱纹，光滑程度下降。进入中年期以后，女性比男性老得快，其原因就是女性皮肤中胶原蛋白的流失速度要快于男性。除了年龄增长因素外，长期日晒等外在因素也会加速胶原蛋白流失。在紫外线的长期照射下，皮肤中的活性酸素（活性氧）增加，会促进分解胶原蛋白和弹性蛋白的酶产生，致使皮肤松弛和出现皱纹（图1-7）。

胶原蛋白充足的皮肤

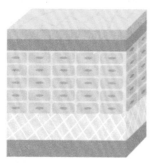

皮肤表面纹理细致整齐，表皮细胞健康。真皮层内的胶原蛋白及弹性蛋白都充满弹性，几乎没有松弛、出现皱纹等迹象。

胶原蛋白缺乏的皮肤

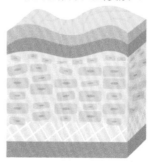

表皮干燥，真皮失去弹力。脸上的表情纹、干纹演变成细纹，甚至变成深刻的皱纹。这些迹象在眼部、嘴角、眉头等尤为明显。

图1-7 胶原蛋白含量对皮肤老化的影响

如今，"吃猪蹄可以补充胶原蛋白"的说法已经深入人心，但吃进肚中的猪蹄真的能转化为皮肤所需的胶原蛋白吗？其实事情的真相是：猪蹄中所含的胶原蛋白是一种大分子不完全蛋白质①，不能被人体直接吸收，首先需要通过消化分解，再在人体中合成不同类型的蛋白质。至于能否合成皮肤所需的胶原蛋白，目前尚无明确的科学依据予以证明。另外，猪蹄含有大量的脂肪和胆固醇，过量食用可能会引起肥胖和高血脂，这样就得不偿失了！

如果将真皮比喻成一张弹簧床垫，那么胶原蛋白犹如填充床垫的海绵，网状纤维像一张覆盖床垫的网，弹性纤维则是支撑床垫的弹簧。弹性纤维主要由弹性蛋白和微原纤维构成，是具有弹性的纤维成分，使皮肤具

① 不完全蛋白质：是指那些缺少若干种必需氨基酸，既不能维持生命又不能促进生长发育的一类蛋白质，是蛋白质中的"差等生"。比如，玉米、豌豆、肉皮、蹄筋等中的蛋白质均属于不完全蛋白质。

有弹性，其拉长后可迅速恢复原状。虽然弹性纤维只占皮肤干重的2%～3%，但是对皮肤的弹力和张力起着重要的作用。

　　真皮层在美容学上具有特别重要的意义，是皮肤柔软、光泽的关键所在，也是皱纹的"发源地"。一般在进行美容治疗时，如皮肤受损未达到真皮层，皮肤将恢复而不留痕迹；如受损深达真皮层，造成瘢痕则难以治愈。很多的痘印之所以难以消除，其原因就在于当初引发痤疮的炎症因子深入至真皮层并对其进行破坏。真皮层对人体皮肤至关重要，它就像是皮肤的"水库""弹簧""运输管"和"感受器"，不断维持着皮肤的健康状态，预防并减少干燥、皱纹。

美 肤 说

神奇的透明质酸

透明质酸（hyaluronan）是构成真皮基质的主要成分之一，又被称为玻尿酸，是一种多功能基质，广泛分布于人体各部位。透明质酸是一种天然的水分捕捉因子，其透明质分子能携带 500 倍以上的水分，是当今所公认的最佳保湿成分，广泛应用于护肤品及皮肤美容中。除了在皮肤中发挥强大的吸水保湿作用，透明质酸还能促进伤口修复、愈合，防晒和进行晒后修复。

透明质酸的含量会随着年龄增长和机体老化而减少（图 1-8）。据相关研究，人体在 18 岁时透明质酸就开始流失，25 岁以后流失加速，30 岁时其含量只有婴儿期的 65%，到 60 岁时其含量仅为婴儿期的 25%。当透明质酸流失速度快于生长速度时，人体就应当从外界及时补充透明质酸。随着透明质酸的流失，皮肤会变得干燥、失去光泽和弹性，渐渐出现暗沉、松弛、皱纹等衰老现象。

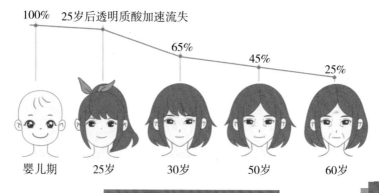

图 1-8　透明质酸流失示意

4. 皮下组织

脂肪被广大爱美人士视为好身材的"头号大敌",花费了无数精力,甚至无所不用其极地尝试各种方法与脂肪打着"攻防持久战"。对很多人来说,减肥是一场没有终点的战争。殊不知,脂肪虽然会增大体积、破坏"骨感美",但也有着重要的保暖、缓冲机械冲击、保护内脏免受伤害等诸多益处。这些脂肪主要就是指位于皮下组织层的脂肪细胞。

皮下组织也被称为"皮下脂肪层",由脂肪小叶及疏松结缔组织组成,并含有汗腺、毛囊、血管、淋巴管及神经等。皮下组织上接真皮,但与真皮并无明显的分界线,下与筋膜、肌肉腱膜或骨膜相连,皮下组织既是热的绝缘体、储存能量的营养仓库,又是保护内脏器官的屏障。皮下组织的厚度因个体、年龄、性别、部位、营养和健康状态等而存在明显差异,一般以腹部和臀部最厚;眼睑、手背、足背等处最薄。

脂肪组织对于皮肤的外观非常重要,分布均匀的皮下脂肪可使女性尽显丰满的曲线美。皮下组织的脂肪过多、分布不匀称会使人显得臃肿,甚至面临患肥胖症的风险,影响外观和健康;而皮下组织的脂肪太少,则会使人皮肤松弛、缺乏光泽,显得苍老。因此,减肥需要适度,万不可片面追求"瘦"而破坏身体自身的正常结构和功能,失去皮肤应有的润泽和质感,这样就适得其反了。

至关重要的皮肤屏障功能

皮肤屏障的健康与否决定了肌肤状况的好坏。一定程度上，拥有正常的皮肤屏障功能，就相当于拥有了健康好皮肤；而任何导致皮肤屏障功能破坏的因素，都可能会导致皮肤出现生理或病理状态的改变。了解皮肤屏障的相关知识，就会知道皮肤为何会变得干燥。为何一夜之间，痤疮如"雨后春笋"般涌现？一直好好的皮肤，为什么又会变得敏感了？

1. 皮肤是防止外界因素侵入的屏障

皮肤是人体天然的外衣，覆盖于整个体表，起到了重要的屏障作用，被称为皮肤屏障。作为人体防御外界因素侵入的"万里长城"，皮肤起到重要的"攘外"和"安内"双重作用：正常的皮肤屏障既能防止外界物理的、化学的、生物的等诸多有害因素的侵入，又能防止体内水分、营养物质、电解质和其他物质经表皮丢失，从而使机体内环境保持相对稳定。

广义来讲，皮肤屏障包括物理屏障、色素屏障、神经屏障、免疫屏障及其他与皮肤相关的屏障功能等。狭义的皮肤屏障通常指表皮（尤其是角质层）的物理性或机械性屏障结构，又称渗透性屏障。

2. 皮肤屏障的结构

通常意义上的皮肤屏障结构主要由皮肤表面的皮脂膜和角质层组成（图1-9）。

皮脂膜是皮肤屏障的第一道防线，又称为水脂膜或脂化膜，是一层覆盖在皮肤表面的透明、弱酸性薄膜。其主要由皮脂腺分泌的脂质、角质层细胞崩解产生的脂质及汗腺分泌的汗液乳化形成。

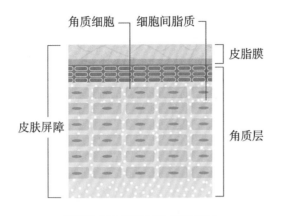

角质细胞 ─ 细胞间脂质 ─

皮脂膜

皮肤屏障

角质层

图1-9　皮肤屏障示意

　　皮脂膜均匀地分布在皮肤表面，就像给皮肤打上一层蜡，能有效防止人体水分的过度蒸发，起到锁水、保湿的作用。而皮脂腺所分泌的皮脂能和汗液混合发生乳化反应，起到润滑、滋养皮肤的作用，使皮肤显得细腻有光泽，可以说是一种天然的保湿乳。皮脂膜中还存在一个微小的生态结构：皮脂膜作为一种天然的弱酸性保护膜，其 pH 为 $4.5 \sim 6.5$，不仅能将不健康皮肤的 pH 调整至弱酸性状态、抑制细菌等微生物滋生，还能给有益菌落提供适宜的环境，维持皮肤表面微生物的动态平衡，起到抗感染和自我净化的功能，发挥皮肤表面天然的免疫机制。

　　当皮脂膜遭到破坏，皮肤的锁水保湿功能就会降低，使皮肤变得干燥、瘙痒甚至蜕皮。同时，皮肤对气候变化的反应力也会随之减弱，极易出现红肿、局部泛红、甚至敏感现象，且容易出现色素沉淀，使皮肤不够白皙。

　　角质层是皮肤屏障的第二道防线。角质层厚度一般为 0.02 mm，相当于一张保鲜膜的厚度，却是皮肤防卫外界异物侵入的坚固壁垒。如果放大角质层，可以发现排列整齐的角质细胞和细胞间隙中的脂质组合成像城墙一样的保护结构。因此，皮肤科医生形象地将其比作"砖墙结构"：以角质细胞为"砖块"，以细胞间脂质为"灰浆"。

　　完整和健康的角质层可以抵御一般的环境变化、外界有害微生物及污染的侵入，而受损的角质层，其角质细胞排列紊乱、疏松，对外界的抵抗能力减弱，容易出现皮肤紧绷、瘙痒、灼热、刺痛、红斑，以及毛细血管扩张等状况（图 1 - 10）。

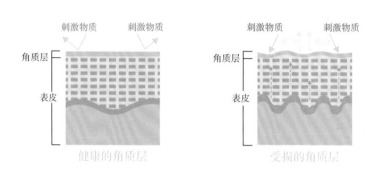

刺激物质　　刺激物质　　　　刺激物质　　刺激物质

角质层

表皮

健康的角质层　　　　　　受损的角质层

图 1 - 10　角质层健康与受损状态对比

3. 屏障受损将引发皮肤问题

不要让皮肤屏障受到破坏，这是因为皮肤屏障一旦受损，就会使皮肤防线出现"漏洞"，细菌、真菌、病毒等更容易侵入，轻则造成皮肤干燥、色素沉着等皮肤问题，重则引发湿疹、银屑病、鱼鳞病等皮肤疾病。年龄增长、化学及生物因素影响和不良的生活习惯等都可能造成皮肤屏障受损，但最常见的原因却是错误的护肤方式，如过度清洁、频繁去角质、长期使用高浓度刺激性的护肤品、过度频繁敷面膜、过度卸妆、不重视防晒等。皮肤屏障长期受损，容易使皮肤发展成敏感肌。

特别要强调的是，皮肤屏障至关重要，再怎么重视也不为过。忽视皮肤屏障的保护来谈论护肤，注定是徒劳无功的。保护皮肤屏障，就是要保持皮脂膜及角质层的健康、完整性，使皮脂膜的油脂比例合理，使角质层的厚度适中、结构完整、含水量充足。同时，还可以采取一些科学护肤手段提升皮肤屏障自身修护能力，强健皮肤屏障功能，增强皮肤屏障防御力。

皮肤的健康之美

皮肤是一面反映人体健康程度的镜子。有经验的皮肤科医生甚至能见微知著，通过皮肤显现的征兆，识别人体各个系统可能存在的早期疾病。生活中，我们也经常能见到一些人满脸痤疮，或当年痤疮肆虐后残留在脸上的痘印、痘坑，使颜值大打折扣。其实，这些无奈的结局从第一颗痤疮诞生时就已经埋下了伏笔。善始方能善终，科学护肤首先需要意识到何为健康的肌肤。

1. 皮肤健康的六个基本特征

健康的皮肤全方位地体现人体的肌肤美、体态美与健康状况。皮肤的状态与变化不是孤立的，而是与人体其他器官和机能系统密切相关的。皮肤作为一面健康之镜，给出了诸多人体健康与否的信号。比如，面部的色斑除了与内分泌系统有关外，还与肝器官、遗传、慢性疾病等有着直接或间接的关系。

究竟何为健康的皮肤？不同的人有不同的答案。反复长痘的人会说，没有痤疮就是健康的皮肤；斑点密集的人会说，不再有斑就是健康的皮肤；肤色暗沉的人会说，白里透红就是健康的皮肤……

著名皮肤病学家朱学骏教授曾提出了皮肤健康的"4S"理论，分别指 smooth（平滑的）、soft（柔软的）、shining（有光泽的）、sexy（有美感的）。平滑是指没有丘疹、粉刺等损容性症状；柔软反映皮肤有良好的弹性，能够抵抗外界环境的刺激；光泽指皮肤无色素沉着导致的肤色暗沉、色斑等，这不仅与护肤相关，更大程度上与良好的作息习惯、平和的心态、健康的饮食等有关；有美感主要是指暴露部位的皮肤能充分展现个体的自身特点和魅力。

在朱学骏教授皮肤健康"4S"理论的基础上，结合多年护肤的咨询实践及对大量护肤档案的系统化整理与分析，本研究团队归纳、提炼了六个关键维度（图1-11），以更具体、更科学地衡量每个人的皮肤健康与美观程度，具体内容如下。

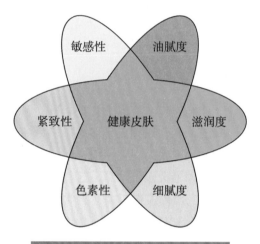

图1-11 健康皮肤的六个基本特征

油腻度：指皮肤中油脂的分泌程度，主要与先天皮脂腺活跃程度有关。油脂分泌旺盛时，皮肤泛着油光；油脂分泌不足，皮肤则会干燥、无光泽。健康和美观的皮肤应该是油脂分泌适中，皮肤看上去富有光泽但无油腻感。

滋润度：指皮肤中水分的含量多少。遗传及皮肤屏障功能受损都会导致皮肤含水量下降，皮肤滋润度降低，易出现皮肤粗糙、干燥、瘙痒及敏感。健康和美观的皮肤应该是水分含量充足、饱满润泽的。

细腻度：指皮肤毛孔的粗细程度，油脂分泌过度及年龄、性别等因素均会导致毛孔粗大。健康和美观的皮肤应该是毛孔细小、质地细腻的。

色素性：指皮肤中色素的数量、分布和异常（增多、减退或脱失）情况，遗传、紫外线照射、激素均会引起色素沉着。健康和美观的皮肤应肤色均匀，整体与胸口肤色相同。而亚洲人的传统审美观是"白里透红"。

紧致性：指皮肤皱纹的大小与多少，与真皮层中胶原蛋白和弹性蛋白含量有关，年龄增长及日晒会使其含量减少，以皱纹形式显现。健康和美观的皮肤应该是紧致，富有弹性、韧性及张力的。

敏感性：指皮肤对外界因素的耐受程度，体现皮肤的反应性，多与遗传及皮肤屏障受损有关。敏感的皮肤容易在刺激下发红、发痒、发热，甚至起皮、脱屑。健康的皮肤应该是对外界刺激具有一定耐受性的。

2. 影响皮肤健康的因素

皮肤表面上看似平静，实际上"战事"不断，时刻上演惊心动魄的"皮肤健康保卫战"，一着不慎，就会面临痤疮、黑头、斑点、敏感等"吃败仗"的危险。影响皮肤健康的因素（表1-1）主要有内源性和外源性两种：内源性因素包括遗传、心理、年龄、睡眠、内分泌及其他疾病等；外源性因素有温度、湿度、紫外线、环境污染、饮食和皮肤护理方法等。了解影响皮肤健康的因素，可以让我们快速找到皮肤出现问题的主要原因，避免无的放矢，做到有针对性地护肤。

表1-1　影响皮肤健康的因素

类别	因素	说明
内源性因素	遗传	皮肤的健康与否与遗传因素密切相关。有的人先天皮肤白嫩、细腻、光滑，而有的人皮肤黑黄、粗糙、油腻；某些皮肤问题，如雀斑、痤疮、敏感等是在基因基础上由其他因素诱发或加重；鱼鳞病、银屑病、遗传变异性皮炎等皮肤疾病也与遗传因素相关
	心理	心理因素能影响皮肤的代谢功能，其主要是通过神经传导传入大脑皮层而对机体的代谢功能产生影响的。情绪低落时，皮肤的神经传导和血供不良，皮肤新陈代谢变慢，肤色晦暗，色素斑出现或加重；精神愉悦时，皮肤的新陈代谢快，容光焕发，充满青春活力
	年龄	一般来说，25岁以后，人们会逐渐出现皮肤老化现象，且随着年龄的增长这种现象将日益明显：皮肤内部表皮变薄，真皮结缔组织减少，胶原纤维和弹性纤维含量减少或变性；皮肤外表发生变化，皮肤干燥、脱屑、松弛，皮纹加深，皱纹增多

类别	因素	说明
内源性因素	睡眠	充足的睡眠是保证良好皮肤状态的重要因素之一。睡眠不足会引起氧合血红蛋白含量降低，使皮肤细胞得不到充足的营养，从而使皮肤新陈代谢变慢，加速皮肤老化，让皮肤显得晦暗而苍白；同时，睡眠不足还会导致副交感神经兴奋，引起黑色素、生长激素增加，从而使色素生成增加
	内分泌	女性内分泌状况好坏直接影响皮肤的健康程度。女性月经前后，激素水平发生变化，雄性激素活性升高，刺激皮脂腺使其皮脂分泌旺盛，易产生痤疮；女性孕期，雌激素分泌增加，容易出现黄褐斑
	其他疾病	皮肤是身体之镜，机体各器官的病变可通过皮肤的颜色、斑丘疹、结节、囊肿、硬化等形式表现出来。比如，患有妇科肿瘤可在颞颥部出现对称性的点状色素斑
外源性因素	温度	当温度升高时，汗腺分泌旺盛，汗液会带走部分皮脂，使皮肤干燥；当温度降低时，皮肤毛细血管收缩，血液循环不畅，皮脂分泌减少，使皮肤干燥无光泽
	湿度	适宜的湿度有益于皮肤健康。正常状态下，体外的相对湿度与表皮层水分含量可达到动态平衡。湿度较低，表皮层水分散失增多，皮肤干燥无光泽，皱纹增多，加速皮肤老化；湿度较高，皮肤可从外界吸收水分，以保持表皮层水分含量的稳定
	紫外线	长期紫外线照射会使皮肤胶原纤维合成减少、分解加速，使弹性纤维变形，皮肤因此出现松弛、老化；紫外线还会破坏皮肤屏障，使皮肤变得敏感，甚至引起光线性皮肤病、光加剧性皮肤病，以及致癌
	环境污染	环境中的各种污染物，包括化学物质、声电污染、尘埃等都会造成氧自由基的增多，从而诱导皮肤炎症反应，最终导致皮肤的衰老
	饮食	食物和皮肤的状态息息相关。暴饮暴食或过度节食均易使皮肤失去弹性，变得松弛；高糖饮食或摄入过多奶制品会刺激雄性激素合成，引发或加重痤疮。不良的饮食习惯与嗜好如酗酒、吸烟、喜食辛辣及刺激性食物（如咖啡等）也会加快皮肤老化

类别	因素	说明
外源性因素	皮肤护理	合理的皮肤护理方式是维持皮肤健康的重要因素之一。护肤品及美容方式选择不当，不仅破坏皮肤屏障功能，使皮肤变得敏感，而且还会诱发或加剧痤疮、黄褐斑等皮肤疾病

3. 健康美丽的肌肤是科学护肤的目标

皮肤虽然拥有强大的自愈能力，但当外界的频繁侵害超过了皮肤自身的修复速度，或是侵害力度超过皮肤的承受能力时，皮肤就会出现痤疮、斑点、暗沉等各种问题，使皮肤处于亚健康状态，给美丽蒙上一层阴影。这时，我们就需要通过适当的皮肤护理与调理，帮助皮肤进行修复，尽快回归健康状态，使皮肤的各项功能正常运转，从而获得健康、美丽的肌肤。

健康的皮肤是女性毕生都在追求的一种美，它既是生理上的健康美，也是社会意义上的大众审美。现在，越来越多的女性开始关注护肤话题，护肤品也早就走入了寻常百姓家；但护肤并非只是简单的涂脂抹粉，误用护肤品也会使皮肤问题更加严重。科学护肤的目的，就是让每一位女性都能掌握科学的护肤理念和知识，能够正确地选用适合自己的护肤品，通过科学的护肤方式对自己的肌肤进行针对性的护理，从而拥有健康、美丽的肌肤。

4. 进行科学护肤的三大黄金法则

"爱美之心，人皆有之。"身处信息爆炸的时代，人们很容易从各种途径获取五花八门的护肤品资讯和护肤技巧，但如果人云亦云、盲目跟风，就会沦为各种品牌护肤品的"小白鼠"，落到"问题依旧在，几度心梗塞"的尴尬境地。其实，要做到科学护肤并不难，牢记以下三大黄金法则，我们就可以在护肤变美的道路上少流很多辛酸泪，少走很多弯路。

（1）黄金法则一——不伤害皮肤

皮肤本身就是一个精妙的系统，正常情况下，它能够发挥各项功能，有着自我保护和修复的能力，保持自身的平衡和协调。由幼年期到青春期，皮肤处于生长状态，也是一生中皮肤最佳的时期。我们所做的所有护肤工作，就是为了维持它当初最好的状态。一些错误的做法会对皮肤造成伤害，如不做防晒、护肤不足、过度清洁、过度使用面膜、使用不安全的护肤品、长期处于不利于皮肤健康的极端环境等。

从皮肤本身结构和护肤目的来看，护肤第一重要的原则就是不伤害皮肤，保护好它的天然屏障——角质层。当角质层过薄，皮肤的保湿能力会大大下降，应对外界的抵抗力也随之下降，皮肤将会变得敏感、干燥，进入亚健康甚至疾病状态。俗话说：过犹不及。现实中，不乏很多过度护肤对皮肤带来伤害的案例，让很多女性深受其苦。

（2）黄金法则二——了解自身肌肤状况

很多女性不知道自己的肌肤属于哪种类型，仅凭着直觉进行护肤，实在要为她们的勇气鼓掌。明明是干性皮肤，却不加选择地给自己的皮肤使用控油产品；明明是油性皮肤，却每天兢兢业业地往脸上涂抹保湿产品，这种"护肤文盲"的行为，只会使护肤效果背道而驰。

只有真实全面地了解自己的肌肤类型和存在的肌肤问题，才能在后续选择合适的护肤品、进行有针对性的护肤，也才能使护肤变得有效。

（3）黄金法则三——正确选择和使用护肤品

很多人在选择护肤品时有一个观念：贵的就是好的。实际上这是一个误区，贵的不一定是对的，适合自己的才是最好的。即使是昂贵的护肤品，如果不适合你的肤型与皮肤问题，就不一定有实际效果，甚至可能对你的皮肤造成刺激或伤害。因此，选择护肤品时不能仅仅只看品牌的名气大小、价格高低、是进口还是国产。

要想选择适合自己的护肤品，我们要对护肤品有一个基础的了解。护肤品种类庞杂、成分众多、功效多样等特点增大了正确选择护肤品的难度，不同的肌肤需求更加大了其挑战性。关于护肤品的知识，本书将在第二章详细介绍。

需要注意的是，即使是合适的产品，我们也要根据自己肌肤的实际状况，确定合适的使用量、频次和具体使用方法，以使护肤品最大程度地发挥功效。

第二章

认识护肤品

　　护肤品的历史可谓源远流长，自文明诞生以来，人类就有了对自身进行美化的追求。对护肤品的使用最早可追溯至原始社会时期，人们在参加祭祀活动时，将动物油脂涂抹在皮肤上，以使自己的皮肤显得健康而有光泽。

　　时至今日，护肤品不再是过去只有富人才能使用的奢侈品，已经成为"飞入寻常百姓家"的大众消费品。而护肤品的种类、配方、生产工艺和研发技术也在不断更新换代，各种品牌、价格和不同功效的护肤品更是充斥市场，令人目不暇接，掀起了一波又一波"你方唱罢我登场"的时尚浪潮。

　　本章将回溯护肤品的发展历史，介绍三个基础护理系列与四个特殊护理系列的常见护肤品及成分，以及如何正确挑选和使用适合自己的护肤品，最后针对与护肤品相关的十个常见疑问进行解答，让读者在科学护肤的道路上少走弯路、从容应对！

护肤品的历史

护肤品，即保护皮肤的产品，通常以滋润、防护、修复与抗氧化等功效来维护或改善皮肤的状态。从行业属性来看，护肤品是化妆品行业中的一个重要细分领域。如今，无论是各大商超柜台、线上电商平台，还是在普通人家的家居卧室，我们随处都能见到洁面乳、爽肤水、面膜等各种护肤品的身影。可以说，护肤品已成为现代社会中人们居家旅行的必备用品了。

护肤品并非近现代才出现，回溯其发展历史，堪称一部人类追求美丽的文明史。最早的护肤品雏形，可以追溯至遥远的原始社会时期。一些部落的人群在参加祭祀活动时会将动物油脂涂抹于皮肤上，以使自己的皮肤看上去健康而有光泽。而据传说，公元前 5 世纪至公元 7 世纪，古埃及皇后用驴乳进行沐浴、古希腊美人亚斯巴齐利用鱼胶来遮盖皱纹。近现代以后，随着人类社会进入工业时代，护肤品行业也开始迅猛发展，其发展史可分为矿物油合成成分阶段、天然成分阶段、有机零负担成分阶段与基因技术阶段四个重要阶段。

1. 矿物油合成阶段

工业时代早期，要从植物中提取护肤成分还很难，而石油、石化与合成工业已很发达，因此很多护肤品的原料都来源于化学工业。以矿物油为主要成分，再加入香料、色素等其他辅助成分，合成护肤品由此诞生。矿物油合成护肤品的原料相对简单、成本低廉，但其中的一些成分本身就含某些有害物质，给使用者带来了危险。20 世纪 70 年代，日本多家化妆品企业被 18 位因使用其产品而罹患严重黑皮症的妇女联名控告，轰动国际，也促进了护肤品的重大革命。

2. 天然成分阶段

自 20 世纪 80 年代,皮肤专家发现,在护肤品中添加各种天然原料,对皮肤有一定的滋润作用。而此时,大规模的天然萃取工艺已经成熟,各种来自海洋、陆地的动植物萃取成分,开始被添加至护肤品中。但由于防腐等诸多难题尚未攻克,这个时期护肤品的主要底料依然是矿物油成分,而天然成分只能担当"配角"。

3. 有机零负担成分阶段

为了满足更多人对护肤的特殊要求,护肤品中的各种添加剂越来越多,给肌肤造成了很多不必要的损伤。因此,催生了人们对护肤品安全健康的需求,无添加、零负担的有机成分护肤品应运而生。该种护肤品的主要特点是:其产品成分不含任何人工合成化学物质,不添加任何可能对皮肤造成刺激及潜在危害的添加剂(如着色剂、香料、化学防腐剂等),产品性能温和,其有机活性成分一般可被肌肤直接吸收。

4. 基因技术阶段

随着人类基因密码的破译,与皮肤和衰老有关的基因也在不断被破解,科学家们已经开始利用先进的基因技术,研发与人体自身结构相仿、具有高亲和力的生物精华物质,并复配到护肤品中,以补充、修复和调整细胞因子,达到抗衰老、修复受损皮肤等目的。

虽然护肤品已经发展到基因技术阶段,但是我们有足够的理由相信,皮肤专家和研究人员对护肤品的创新探索并不会止步于此,还有更多的未知领域等待被发现,人类对美的追求永无止境。

美 肤 说

一分钟认识护肤品、彩妆品和化妆品

护肤品、彩妆品和化妆品堪称女性消费市场的宠儿，也是众多女同胞居家旅行的必备用品，但大多数人却对这三者分不清楚。其实它们都属于同一个大家族：化妆品是家族名称，而护肤品和彩妆品则是这个家族里最有名的人物。

我国 2007 年发布并施行的《化妆品卫生规范》明确定义，化妆品是指以涂抹、喷洒或者其他类似方法，散布于人体表面任何部位（包含皮肤、毛发、指甲和口唇等），以达到清洁、消除不良气味、护肤、美容和修饰等目的的日用化学工业产品。由此看来，化妆品行业的涵盖范围非常广泛。

狭义的化妆品特指彩妆品，是指以修饰、遮盖为手段达到快速、临时改变皮肤外观目的的产品。现在，化妆对众多女性来说是必须掌握的一门技能，很多人甚至不化妆不敢出门。

护肤品是指保护皮肤的产品，其主要的功效是滋润、防护、修复与抗氧化等，能帮助皮肤改善和保持健康的美观状态。其中，面膜几乎是家喻户晓的护肤明星单品，受到广大女性的青睐。

护肤品的七大类别

　　广义的护肤品范围很广，其类别庞杂、品类繁多，包含洗发水、乳霜、身体乳等作用于人体皮肤表面任何部位的护理产品。而日常生活中，人们所说的护肤品主要是指卸妆水、洁面乳、面膜等作用于面部皮肤的护理产品。本书所讲的护肤品，即是针对面部进行护理的产品。

　　在商超护肤品货架或专柜、护肤品专卖店中，陈列的护肤品琳琅满目、种类繁多，为方便消费者快速找到所需的产品，一般会将具有某一相同属性的护肤品摆放于同一区域，如女性护肤品区、男性护肤品区、婴儿护肤品区、儿童护肤品区等。这种按使用人群进行分类的方法，有利于不同人群快速找到其所适用的护肤品。

　　护肤品分类具有多样性，还可以按物理形态来划分，一般可分为液态（如卸妆水、化妆水等）、油状（如卸妆油等）、乳类（如润肤乳等）、凝胶类（如洁面啫喱等）、霜类（如面霜、防晒霜等）、气雾类（如喷雾等）等。

　　而对于日常选购和使用来说，最常见的、运用最广泛的护肤品分类法，是根据护肤品的功效进行划分，共包括清洁类、保湿类、防晒类、抗敏类、抗痘类、美白类和抗衰类七大类别。其中，清洁、保湿、防晒护肤品属于皮肤日常基础护理的范畴；抗敏、抗痘、美白与抗衰护肤品则属于对皮肤的亚健康状态或皮肤问题进行特殊保养与护理的范畴。

　　清洁类：指帮助清除皮肤表面多余的油脂、灰尘、化妆品残留物和老化的角质细胞以达到皮肤清洁目的的产品。清洁类产品包括洁面产品、卸妆产品和去角质产品。

　　保湿类：指帮助皮肤延缓水分丢失、增加真皮与表皮间的水分渗透，

第二章　认识护肤品

27

维持皮肤天然的屏障功能，使皮肤光滑、细腻、有弹性，并可抵御外界一些不良因素侵袭的产品。保湿类产品包括各类化妆水、乳液、面霜、面膜、精华液等。

防晒类：指通过阻隔或吸收中波紫外线（ultraviolet B，UVB）和长波紫外线（ultraviolet A，UVA）来防止皮肤被晒黑、晒伤的产品。防晒类产品包括各种防晒霜、防晒乳与防晒喷雾等。

抗敏类：指通过镇定、舒缓、修复等方式缓解皮肤因受到刺激所带来的不适感并逐渐修复屏障功能的产品，其核心成分有尿囊素、胆固醇、洋甘菊等。

抗痘类：指帮助调节皮肤水油平衡，起到舒缓镇静、消炎抑菌作用的产品，其核心成分有壬二酸、水杨酸、茶多酚等。

美白类：指通过延缓、抑制黑色素细胞的生长和移动来达到美白目的的产品，其核心成分有曲酸、熊果苷、维生素 A、维生素 C 等。

抗衰类：指通过抗氧化等方式来阻止胶原蛋白、弹性纤维和透明质酸等重要成分因为年龄增长或炎症等而减少的产品，其核心成分有维生素 C、维生素 E、艾地苯、花青素等。

以下按照基础护理、特殊护理两大产品系列分别予以详细介绍。

基础护理产品系列

　　清洁、保湿、防晒通常被称为"基础护肤三部曲"，是最基本也是非常重要的面部肌肤护理方式。正确、合理地使用清洁、保湿、防晒三类产品，可以使皮肤保持良好的洁净度、滋润度，并提升皮肤的屏障防御能力（图2-1）。在护肤变美的过程中，你若想少交护肤"智商税"，做到有针对性地选购适合自己肤质的护肤品，其前提就是要对产品的核心成分与功效有基本的了解——毕竟再漂亮的包装也只能提升心情愉悦度，而不能带来任何实质性的护肤效果。

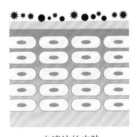

未清洁的皮肤

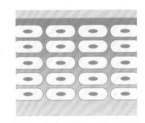

清洁：去除皮肤表面上的污垢

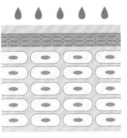

保湿：恢复皮肤屏障

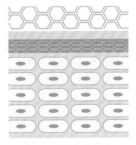

防晒：维护皮肤屏障

图2-1　基础护肤的作用

1. 清洁护肤品

人们常说：皮肤清洁不到位，护肤品再贵也是浪费。可见，清洁作为护肤的第一步，在面部护理中发挥着至关重要的作用。面部清洁产品又细分为三种功能的产品小类，分别为卸妆产品、洁面产品和去角质产品。卸妆产品的主要功能是帮助卸除妆容、清除各类化妆品的残留物质；洁面产品的主要功能是清除皮肤表面上多余的汗液、油脂、微生物、灰尘等；去角质产品的主要功能则是去除未正常脱落的角质细胞，加快皮肤新陈代谢（表2-1）。

表2-1 常见的清洁护肤品

产品名称		主要特点及功效	适用
卸妆类	卸妆水	一般为无色透明液体。其清洁力度较弱，一般需配合卸妆棉一起使用。由于不含油分，使用时肤感清爽，且具有一定的保湿功能	日常卸除淡妆
	卸妆乳	一般为奶白色乳液。分为油包水、水包油两种类型。产品性能温和，清洁力度适中，能够清除黏附在皮肤表面的污垢，包括皮脂、角质碎屑、美容化妆品的残留物等	卸除防水性化妆品
	卸妆膏	膏状。一般采用罐装。其清洁力度较强，由于是膏状的，使用后肤感滋润，皮肤不会感觉干燥	卸除彩妆及防水性化妆品
	卸妆油	油状。是一种加了乳化剂的油脂。其质地较厚重，清洁力度强。根据"相似相溶"原理，该产品可以与脸上的彩妆、油污快速融合，再通过水乳化和冲洗带走污垢	卸除油彩妆、彩妆及防水性化妆品
	眼唇卸妆液	一般为透明液体。专门用来卸除眼部、唇部的妆容。由于眼、唇部的皮肤细嫩敏感，该产品性能一般温和，同时具有使眼周和唇部肌肤紧致光滑的功效。该类产品一般呈油水分离状态，使用前需要摇匀	卸除眼部及唇部彩妆

续上表

产品名称		主要特点及功效	适用
洁面类	洁面乳	又称洗面奶，一般呈乳状液态，具有一定的流动性。其清洁力较弱，具有性能温和、肤感清爽滋润的特点，大多为无泡或少泡	各种基础皮肤类型①
	洁面啫喱	啫喱状。一般为透明的果冻形态，具有一定的流动性。其清洁力较弱，具有性能温和、质感清凉的特点，使用时泡沫较少	各种基础皮肤类型
	洁面膏	膏状。产品质地细腻，呈霜状或膏状，稳定性强。其清洁力度大、使用时泡沫丰富，具有一定的刺激性	适合中性、油性皮肤
	洁面皂	固态块状。pH 为碱性，质地较硬，稳定性强，不易氧化。其清洁力度强，使用后有紧绷感，易于搓出细腻的泡沫	适合油性、混合性皮肤
	洁面粉	又称洁颜粉，呈干态粉状。该产品使用保质期相对较长。其泡沫细腻温和，不易过敏。使用时需加水打出泡沫后再使用，清洁力度很强	适合油性、混合性皮肤
	洁面慕斯	又称洁面泡泡，呈泡沫状。该产品与洁面乳功能一样，不同的是未添加增稠剂，质地丰盈细腻，按压后能挤出丰富细腻的泡沫，使用更方便，清洁力度很强	适合油性、混合性皮肤
去角质类	去角质凝胶	半固体胶状。含有一定的水分，属于化学类去角质产品，去角质效果较弱。其无须与水混合使用，可直接涂抹于面部皮肤，温和亲肤、不刺激	各种基础皮肤类型
	去角质磨砂膏	膏状。内含均匀细小的不溶性颗粒，通过摩擦去除表皮层堆积的老化角质，其去角质效果强，具有一定的刺激性	适合油性、混合性皮肤

---

① 基础皮肤类型包括中性皮肤、干性皮肤、油性皮肤、混合性皮肤。

表面活性剂是清洁类产品的主要成分，它能降低水和油之间的表面张力，使水和油之间变得易于连接，从而使"油水相溶"，其乳化①后能使皮肤表面的油脂和污垢等很容易随水一起冲洗掉（图2-2）。

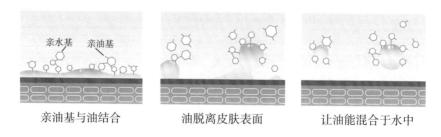

亲水基　亲油基

亲油基与油结合　　　　　油脱离皮肤表面　　　　　让油能混合于水中

图2-2　表面活性剂清除皮肤污垢示意

清洁类产品中的清洁成分有很多种，常见的包括皂基类、十二烷基硫酸钠（sodium lauryl sulfate，SLS）及月桂醇聚醚硫酸酯钠（sodium laureth sulfate，SLES）、氨基酸类和酸性成分等（图2-3）。从清洁力度来看，皂基类、SLS及SLES和酸性类的清洁力度较强，而氨基酸类表面活性剂的较弱。但凡事都有两面性，清洁力强是一把双刃剑，一般清洁力越强的成分对皮肤的伤害相对越大，我们在选用清洁类护肤品时尤其需要注意。

"皂"类产品可谓历史悠久，最早可追溯到公元前2800年的古巴比伦时期，据查第一个有记载的肥皂配方是由水、碱液和桂油所组成。皂基类成分具有良好的起泡力，可以有效去除面部油脂和毛孔污垢，清洁效果十分明显，常见于适合油性皮肤的护肤品中。洁面皂、皂基洗面奶就是典型的含皂基类成分的清洁产品。皂基是脂肪酸和强碱产生皂化反应后的产物，呈弱碱性、具有一定的刺激性，不适宜长期连续使用。目前流行的产品配方中，皂基类成分退居配角，作为附属成分与其他成分相配合，既能增强产品起泡力，又能降低刺激性，使产品的清洁效果与安全性均能达到理想程度（表2-2）。

---

① 乳化：是一种液体以极微小液滴均匀地分散在不相溶的另一种液体中的作用。

图2-3 常见清洁成分分类

表2-2 某款皂基洗面奶成分表

成分名称	作用	配方说明
水	溶剂	该产品的主要成分由脂肪酸和强碱结合构成,属于典型的皂基类清洁产品,其特点是起泡力好、清洁力强,适用于油性皮肤;由于该产品的刺激性较强,不适合长期、连续使用,否则可能会导致皮肤清洁过度,从而破坏皮肤屏障
硬脂酸*	柔润剂、乳化剂	
聚乙二醇-8	柔润剂、溶剂	
肉豆蔻酸*	柔润剂、清洁剂	
氢氧化钾*	pH调节剂	
甘油	保湿剂、溶剂	
月桂酸*	清洁剂、乳化剂	
乙醇	溶剂、抗菌剂、收敛剂	
丁二醇	保湿剂、溶剂、抗菌剂	
甘油硬脂酸酯SE	乳化剂	

注:*指该成分为皂基类成分。

SLS 及 SLES 属于强效表面活性剂，去脂力极强，一般作为油性皮肤或男性专用洗面乳的常用成分。该类成分浓度过高时对皮肤有潜在的刺激性，同时其较强的去脂能力可能会破坏皮脂膜，不建议长期使用。为避免造成对皮肤自身屏障功能的破坏，特别建议敏感性皮肤和干性皮肤要远离该类成分。另外，除了面部清洁产品外，沐浴露和洗发精的配方中也经常能够见到 SLES 的身影。

氨基酸类表面活性剂是一类来源于可再生物质的新型绿色环保表面活性剂，是基于传统表面活性剂的升级换代产品。其 pH 呈弱酸性，起泡力较差，清洁力相对较弱，使用起来比较温和，对皮肤刺激性较小，因此常用于干性皮肤及敏感性皮肤的清洁产品中。氨基酸类成分易于识别，一般产品标签上印有"××氨酸××"字样的即表明该产品含有氨基酸类成分。由于氨基酸类表面活性剂对皮肤的伤害较小，目前含有该类成分的清洁类护肤品已经逐渐成为主流，深受追求温和亲肤功效的广大消费者青睐。

烷基聚葡萄糖苷属于非离子型表面活性剂，是一种新型的低敏性清洁成分，是以天然植物为原料制作而成，清洁力适中，对皮肤和环境没有任何刺激和毒性，非常适合干性皮肤和敏感性皮肤使用。虽然目前市场上的洗面乳中以烷基聚葡萄糖苷为主要成分的仍不多见，但可以预见的是，由于该成分的低敏特性，在未来将会受到越来越多的敏感性皮肤消费者的欢迎。

含有酸性成分的清洁类产品在近些年也逐渐开始流行。酸性成分具有一定的换肤作用，其主要作用是溶解油脂、帮助去除堆积在皮肤表面的老化角质，同时还具有消炎、抗菌的功效。"果酸换肤"就是利用果酸这种酸性成分来进行角质剥离，从而加快皮肤的新陈代谢过程。但由于酸性成分的刺激性较强，常用于耐受性较好的油性皮肤和痤疮性皮肤。

衡量一款清洁护肤产品的洗净能力，一般来说有两个重要指标：去角质力和清洁力（去油污）。而主要成分相同、质地不同的清洁产品，其清洁力与去角质力的强度也相应有所不同（具体可以参考图 2-4），大家可以根据自己的肤质与实际肌肤状况选择合适的清洁产品。但需要注意的是，无论选用什么样的清洁产品，都应在不破坏皮肤天然屏障功能的基础上进行，皮肤的清洁护理需要恰到好处、适可而止，以使皮肤保持合适的 pH 和最佳的水油平衡状态。

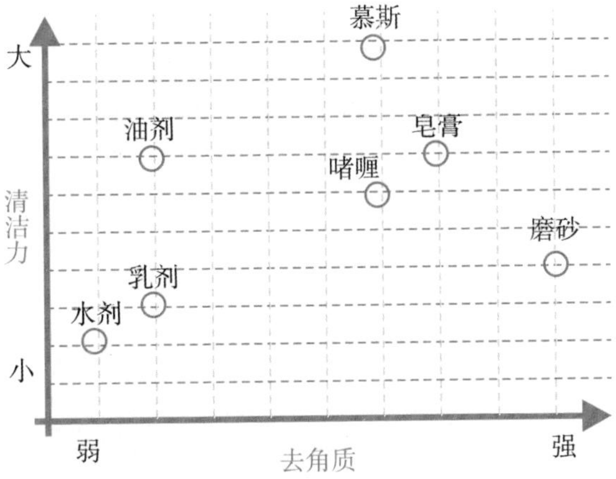

图2-4 不同质地产品清洁力与去角质力

美　肤　说

你的洁面产品是皂基型吗

　　要判断一款洁面产品是否为皂基型，最简单的方法是看配方表靠前的位置能否找到脂肪酸和强碱，它们是组成皂基不可或缺的成分，而皂基其实就是脂肪酸与强碱皂化反应后生成的脂肪酸盐。皂化反应可以简单地用公式表示为：脂肪酸＋强碱＝脂肪酸盐（皂基）＋甘油。

　　常见的脂肪酸有硬脂酸、肉豆蔻酸、月桂酸、棕榈酸等，而常见的强碱有氢氧化钠、氢氧化钾等。以下是一些常见的脂肪酸和强碱的皂化搭配：

　　　　肉豆蔻酸＋氢氧化钠（钾）→肉豆蔻酸钠（钾）

　　　　月桂酸＋氢氧化钠（钾）→月桂酸钠（钾）

　　　　棕榈酸＋氢氧化钠（钾）→棕榈酸钠（钾）

　　　　硬脂酸＋氢氧化钠（钾）→硬脂酸钠（钾）

　　值得一提的是，不同于氢氧化钠、氢氧化钾，三乙醇胺是一种弱碱。但是当三乙醇胺与脂肪酸相遇时也会发生皂化反应，生成铵盐皂（脂肪酸三乙醇胺盐），只不过它的去脂能力比常规的钠（钾）皂会弱一些。

　　对照上述知识，读者应该可以很轻松地判断所使用的清洁产品是否属于皂基型产品。

2. 保湿护肤品

年龄增长、气候变化、睡眠不足，甚至是日常的皮肤清洁护理，都有可能造成皮肤干燥缺水，这就需要适当地对皮肤进行补水保湿护理。保湿类护肤产品能够增加皮肤表皮的含水量，帮助皮肤保持滋润，使皮肤达到水润、光滑、柔软的效果。对于清洁护理后导致的皮肤暂时性缺水，保湿产品的护理效果尤为明显。我们平常所熟知的水（化妆水）、乳（乳液）、霜（面霜），就是保湿类产品的主力军。此外，面膜、精华液这两大多功效的明星护肤单品，也已成为众多爱美人士为皮肤进行补水保湿护理的不二选择（表2-3）。

表2-3　常见的保湿类护肤品

产品名称	主要特点及功效	适用
化妆水	又称为爽肤水、柔肤水或收敛水，一般为透明液体状。其质地轻薄，能帮助溶解和清洁皮肤上的残留污垢、油性分泌物，保持皮肤角质层有适量水分，起到柔软皮肤、保湿滋润的作用。同时还能调节皮肤 pH，使其恢复至正常状态，以促进后续其他产品的吸收	各种基础皮肤类型
乳液	液态霜类，一般为纯白牛奶状。质地较轻薄，含水量较高，肤感水润、较易吸收。其含有少量油类成分，能在皮肤表层构建一层水润的皮脂膜，防止水分流失	各种基础皮肤类型；适合干燥季节与气候使用
面霜	膏状。面霜的质地相对于乳液要浓稠厚重，其作用是覆盖在皮肤表层形成一种保护膜，肤感滋润。其中日霜还具有防晒、抗氧化、润色皮肤的功效，而晚霜含有营养成分，具有修复日间损伤的功效	各种基础皮肤类型；油性皮肤需控制用量

续上表

产品名称	主要特点及功效	适用
面膜	泥膏状或膜片状。面膜的原理是通过覆盖面部，暂时阻隔外界空气与污染，使局部皮肤水合程度升高，吸收力增强，从而吸收面膜中的水分或营养成分，具有保湿滋润、柔软皮肤和使皮肤显得光亮有弹性的功效	各种基础皮肤类型
精华	液态。常见的有精华液、精华凝露和精华乳等，质地一般较轻薄。精华一般含有植物提取物、神经酰胺等多种珍贵的护肤成分，其浓度高、分子小、渗透性佳、保湿效果显著，此外有些精华还有防衰老、抗皱、美白等多种功效，有"护肤品中的极品"之誉	各种基础皮肤类型

　　保湿类护肤产品之所以能够为皮肤提供持久滋润、维持皮肤屏障的完整与健康，主要依赖于产品中所含有的吸湿剂、封闭剂、润肤剂和仿生剂四类保湿物质（表2-4），它们的作用机理各有不同（图2-5），不同的保湿产品就是由这几类物质按不同配比制成的。

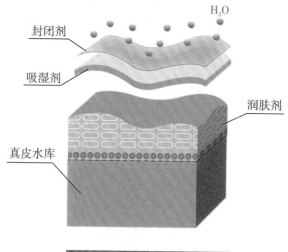

图2-5　护肤品保湿示意

表 2 - 4　四类保湿物质常见成分及功效表

保湿物质	常见成分	功效
吸湿剂	丙三醇、蜂蜜、乳酸钠、丙二醇、山梨醇、异丁烯酸甘油酯、明胶	起"开源"作用，吸收真皮层及环境中的水分
封闭剂	矿脂、矿物油、石蜡、角鲨烯、羊毛脂、蜂蜡、卵磷脂	起"节流"作用，阻止和延迟皮肤水分的蒸发和流失
润肤剂	蓖麻油、荷荷巴油、辛酸辛酯、异硬脂醇、异硬脂酸异丙酯	滋润皮肤，使皮肤纹理更光滑
仿生剂	神经酰胺、透明质酸、吡哆烷酮羟酸钠、尿素、泛醇、角鲨烷	补充皮肤天然成分的不足，增强其完整性

　　吸湿剂就像是一个吸水泵，能由内而外地从真皮层吸取水分，并传输到外面的角质层中。当空气相对湿度较大（至少达到70%）时，吸湿剂容易从外界环境中吸收水分并保存至角质层中，为皮肤补充及储存水分。一般外界环境相对湿度越高，吸湿剂对皮肤保湿效果越好。在现实环境中，相对湿度很难达到70%，吸湿剂无法主要依赖外界环境为皮肤吸取水分；而在相对湿度低、寒冷干燥、多风等气候条件下，从皮肤深层吸取而来的水分还会通过表皮蒸发，使皮肤更加干燥。因此，在干燥环境下，吸湿剂应与润肤剂、封闭剂互相配合使用，才能发挥最大的保湿效果。

　　封闭剂的作用类似于保鲜膜，具有封闭功能，能在皮肤表面形成一张薄薄的油膜，通过阻止和延迟水分的蒸发和流失，改善角质层水分蒸发。含有该类成分的保湿产品肤感通常比较油，具有厚重感，适合在秋冬季等干燥气候环境下使用。封闭剂中最典型的成分就是凡士林（也称为矿脂），它不仅能够降低皮肤99%的经表皮失水率[①]，帮助增强皮肤屏障功能，还有助于普通表浅型伤口愈合，预防感染。

　　润肤剂通常是油性物质的化合物，主要有脂类和蜡类等成分，其最早作为食物，随后推广应用至食物的防腐，现在则广泛应用于皮肤护理领

---

　　① 经表皮失水率（transepidermal water loss，TEWL）：是指经过表皮，在单位时间内流失水分的速度，TEWL 值越高，表示单位时间内流失的水分越多，皮肤保湿能力越弱。

域。润肤剂能为皮肤表面提供润滑和保护作用，添加了润肤剂的保湿产品在涂抹后会填充于干燥皮肤角质细胞的裂隙中，让皮肤纹理更光滑，摸起来感觉水润柔嫩，外观也更加饱满美观。与此同时，润肤剂还能提高乳、霜剂的洁白、光亮和细腻度，提高产品质量。荷荷巴油是润肤剂中的经典成分，是一种从沙漠植物中提取的油脂，其透气性好，极易被皮肤吸收，肤感清爽滋润、不油腻，是最佳的皮肤保湿油。

皮肤中天然存在一些保湿成分，如神经酰胺、透明质酸等，但它们很容易随着年龄的增长和环境的变化而流失。仿生剂主要是通过化学工艺合成的物质，其功能是模仿皮肤本来就有的细胞间成分，添加了该类成分的护肤品与皮肤有着良好的相容性，能够补充皮肤天然成分的不足，还能增强皮肤的完整性，修复皮肤屏障功能。仿生剂是一种比较高级的保湿成分，价格一般比较贵，但从实际效果来看值得选择。

要判断某款保湿产品是否适合自己，其方法非常简单，你只需在面部或身体上少量试用该产品，皮肤自身的感受就会告诉你答案。一般来说，合适的保湿产品使用后，皮肤会较长时间感觉湿润，皮肤表面滋润光滑且有弹性。而不合适的保湿产品在使用后，要么肤感油腻，要么很快皮肤就感觉到干燥。除了皮肤的直观感受外，选择保湿产品还需要综合考虑年龄、性别、皮肤类型、季节与气候变化等因素。保湿是护肤的关键环节，也是日常护肤中的基础工程。选择了合适的保湿产品，还需要持之以恒地使用，才能起到应有的效果。

3. 防晒护肤品

日光与生命息息相关，是地球表面绝大多数生物赖以生存的基本元素，但日光中到达地面的紫外线（UVA 和 UVB）也会损伤人体皮肤。防晒类护肤品通过阻隔或吸收紫外线来防止皮肤被晒黑、晒伤，其使用后的效果可以从两方面进行评估：短期上，它能使我们避免紫外线照射造成的干燥、脱皮、疼痛、红肿等晒伤反应；长期上，坚持使用能帮助我们预防晒黑、色斑与皱纹等皮肤问题（图 2-6）。

防晒类产品之所以能够发挥功效，主要取决于其所添加的核心成分——防晒剂。防晒剂能够利用光的吸收、反射或散射作用，保护皮肤免受特定紫外线所带来的伤害。而要对防晒剂有所了解并能够选择合适的防晒产品，我们首先需要了解防晒系数的概念。

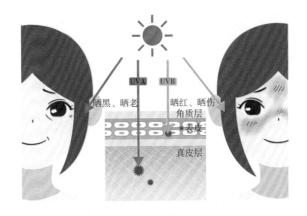

图 2-6　UVA、UVB 对皮肤的伤害

防晒系数是测量防晒品对阳光中紫外线的防御能力的检测指数，表明防晒产品所能发挥的防晒效能的高低。目前市场上最常用的两个防晒系数分别是光保护系数（sun protection factors，SPF）和 UVA 防护系数（protection factor of UVA，PFA）。

SPF 目前在世界范围内被广泛认可，是测量防晒产品保护皮肤避免日晒红斑的一个性能指标。日晒红斑即紫外线红斑，主要是由日光中的 UVB 引发的一种皮肤红斑反应，因此，SPF 值主要是针对 UVB 防护效果的衡量。SPF 的结果是一个比值，用日光模拟器模仿太阳光，以一定剂量照射于皮肤，分别检测在涂抹防晒产品、未涂抹防晒产品这两种情况下，皮肤出现最小红斑量（minimal erythema dose，MED），其出现前、后两种情况所需的时间之比即为 SPF 值。SPF 公式为：

SPF = 涂抹防晒产品 MED/未涂抹防晒产品 MED

举例来说，假如在未涂抹防晒产品的情况下，测得出现最小红斑量为 2 分钟，而在涂抹防晒产品的情况下出现最小红斑量为 30 分钟，则通过上述公式计算，得出该防晒产品的 SPF 值为 15。SPF 防晒系数的数值适用于每一个人，在紫外线强度不改变的条件下，一个没有采取任何防晒措施的人如果在日光下 10 分钟会变红，当他采用 SPF 15 的防晒产品时，其防晒时间可以延长 15 倍，也就是在 150 分钟后皮肤才会被晒红。

PFA 是指对 UVA 的防御能力，其测定还未被所有国家普遍接受，目前我国卫生部门针对 PFA 指数的统一标准也尚未出台。有些国家参照 SPF

值的测定方法，使用化妆品人体斑贴试验测试 PFA 值。测试时使用 UVA 光源，分别照射在涂抹防晒产品、未涂抹防晒产品的皮肤，记录出现黑化或色素沉着的时间（即最小持续黑化量，minimal persistent pigment darkening，MPPD），其前、后两种情况的时间之比即为 PFA 值。PFA 的计算公式为：

$$PFA = 涂抹防晒产品 MPPD / 未涂抹防晒产品 MPPD$$

日常应用时，常将 PFA 数值转化为 PA 分级（protection of UVA，PA）来表示防晒产品对 UVA 的防护效果（表 2 - 5）。

表 2 - 5　PA 和 PFA 的转化关系表

PA 强度系数	PFA 值	防护作用
PA +	2～4（防护2～4小时）	对 UVA 有防护作用，为低效防护
PA + +	4～8（防护4～8小时）	对 UVA 有较好防护作用，为中效防护
PA + + +	8～16（防护 8～16 小时）	对 UVA 有良好防护作用，为中高效防护
PA + + + +	≥16（防护 16 小时以上）	对 UVA 有最大防护作用，为高效防护

通俗地理解，用 SPF 表示的防晒能力主要是防止 UVB 将皮肤晒伤，用 PA 表示的防晒能力主要是防止 UVA 将皮肤晒黑。表 2 - 6 给出了几种典型场景下应该如何选用合适防晒系数的建议。

表 2 - 6　典型场景的防晒系数建议

使用场景	防晒系数选择建议
日常通勤或短暂室外活动	选低等强度防晒产品，SPF 8～12，PA + +
外出旅游或日光较强	选中等强度防晒产品，SPF 12～25，PA + + +
沙滩暴晒或下海游泳	选高等强度防晒产品，SPF 25～50，PA + + +

除了解防晒剂的防晒系数外，知道防晒剂是何种成分类型也十分重

要。防晒剂的成分类型多样，根据其理化特征与防晒作用方式，可以分为三大类：物理防晒剂、化学防晒剂和生物防晒剂，三者的防晒原理如图2-7所示。

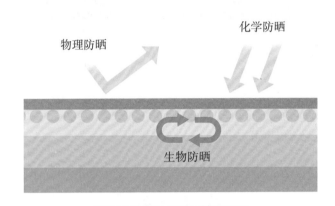

图2-7 防晒剂作用机制

物理防晒剂也称无机防晒剂、物理屏蔽剂，其原理是"散射紫外线"，主要利用产品中添加的二氧化钛、氧化锌两种常见晶体成分阻挡和反射紫外线，使其无法照射到皮肤上而实现防晒的目的。物理防晒霜对皮肤刺激性小、致敏力低，因此安全性高、稳定性也较好，适合儿童皮肤和敏感肌使用。但由于其质地比较厚重，涂抹之后显得油腻，并会使皮肤呈现出不自然的白，因此其使用感受较差。

化学防晒剂也称有机防晒剂、紫外线吸收剂，其原理是通过选择性吸收日光中的紫外线，并使其转化成化学防晒剂分子的热能散发出体外，从而减少对皮肤的损伤。化学防晒霜一般质地清爽，既无黏腻感也无负重感，易于涂抹，但具有一定刺激性，少数人可能会对某些成分过敏。化学防晒霜的防晒时间一般较为有限，不适合较长时间的户外防晒。另外，长期使用时，其所含的化学成分也容易对皮肤造成损害。

由于生物防晒剂不能直接与紫外线发生作用，其"走"的是间接防晒路线——本质是通过抑制紫外线照射后的反应来起到防晒作用。生物防晒剂最常用的成分是抗氧化剂。紫外线辐射的实质是一种氧化应激过程，其产生的氧自由基会对组织造成损伤，生物防晒剂所含的活性物质则能通过清除或减少氧活性基团的中间产物，从而阻断或减缓组织损伤、促进晒后修复，起到间接防晒的作用。生物防晒剂具有轻薄透气、滋润皮肤的特点，除防晒效果外，其抗氧化作用还能保护产品中其他的活性成分，在防晒产品配方中加入一些生物活性物质俨然已经成为一种时尚。

表2-7　物理防晒、化学防晒和生物防晒的区别

项目	物理防晒	化学防晒	生物防晒
原理	反射紫外线	吸收紫外线	抑制紫外线照射后的反应，间接防晒
肤感	厚重、油腻	清爽、无负重感	清爽、透气
成分	二氧化钛、氧化锌、滑石、氧化镁、碳酸钙、白陶土	对氨基苯甲酸、阿伏苯宗、二苯酮-3、二苯酮-5、奥克立林、苯基苯并咪唑磺酸	维生素C、维生素E、硒、辅酶Q10，以及芦荟、绿茶、三七、葡萄籽等的提取物
防晒效果	防晒时间长，不擦拭可一直保持	防晒时间短，需定时涂抹	防晒时间短，需要及时补擦，且不防水
安全性	只作用于皮肤表层，不会渗透进皮肤，安全性高	须与皮肤结合才有防晒功效，安全性略低于物理防晒剂	致敏率低，对皮肤刺激小，安全性较高

防晒产品的种类多样，根据不同质地可分为防晒霜、防晒乳、防晒露及防晒喷雾。相同的防晒系数，产品质地不同，其防晒效果也有所不同。一般质地越黏稠，防晒效果越好；反之，质地越稀薄，防晒效果越差（表2-8）。

表 2 - 8　常见的防晒类护肤品

产品名称	主要特点及功效	适用
防晒霜	膏状。一般含水量在 60% 左右，质地较为黏腻与厚重，防晒效果好，持久力佳	中性、干性、混合性皮肤
防晒乳	乳状。一般含水量在 70% 以上，质地比较稀，有流动性。与防晒霜相比，肤感较为清爽，防晒效果略差	油性、混合性皮肤
防晒露	液态。质地轻盈，具有一定的滋润效果，防晒效果比防晒乳差	油性、混合性皮肤
防晒喷雾	呈水雾状。是一种新近涌现的便携型防晒产品，便于户外携带使用，具有清爽滋润的肤感，但因其成分稀释，使用后不能很好附着在皮肤表面，其防晒效果大大削弱	各种基础皮肤类型

　　不同类型的防晒剂成分各有利弊，因此市面上的大多数防晒产品不会是单一的某种防晒剂成分，而是在兼顾安全与使用便利的基础上按照一定比例复合而成。因此，在实际选择防晒产品时，还应该关注其主要防晒成分的构成，结合自己的皮肤特点谨慎选用。

清洁、保湿和防晒护肤品可以满足人们日常对皮肤的基础护理需求，但当皮肤出现敏感、痤疮、色斑和皱纹等问题时，则需要通过含特殊功效成分的护肤品进行针对性护理，才能使皮肤的亚健康状态得以改善。然而需要注意的是，含特殊功效成分的护肤品并非等同于药品，不能完全替代药品，当皮肤问题非常严重并发展成为皮肤疾病时，应该及时到医院就诊，由专业的皮肤科医生进行医学治疗。在此过程中，如有必要，可遵医嘱辅以相关功效成分的护肤品进行辅助治疗与护理，以使皮肤安全地恢复到健康状态。

特殊功效护肤品一般是在清洁和保湿护肤品中添加某种特殊功效的核心成分，使得产品功效更加具有针对性，以解决某些特定的肌肤亚健康问题。根据皮肤常见的几种亚健康问题，特殊护肤品可分为抗敏护肤品、抗痘护肤品、美白护肤品及抗衰护肤品。

1. 抗敏护肤品

抗敏护肤品是专为敏感性皮肤设计的产品。敏感性皮肤是一种高度不耐受的皮肤状态，其本质是由皮肤屏障功能受损所引起的。当受到冷、热等各种因素刺激时，皮肤就会产生红斑、丘疹、干燥和脱屑等症状，并伴随有强烈的主观刺激感受，如刺痛感、灼热感、紧绷感和瘙痒等。

抗敏护肤品一般具有抗炎舒敏和屏障修复两大功效，能够有效缓解各种刺激给敏感性皮肤所带来的不适感，并逐渐修复皮肤的屏障功能。其所含的抗炎舒敏成分能够抑制炎症介质，恢复与增强血管弹性，改善皮肤对冷热等刺激的敏感度，从而减轻皮肤的主观刺激感受和敏感症状。常见的抗炎成分有β-葡聚糖、洋甘菊提取物、马齿苋提取物和金缕梅提取物等。

抗敏护肤品的屏障修复功能主要是通过各类保湿剂的协同来实现的。其所含的保湿剂成分能够为皮肤补充水分和角质层脂质，并在皮肤表面形成封闭的保护膜，减少内源性水分等物质的流失，从而使皮肤屏障得以修复。常见的具有保湿修复功能的成分有神经酰胺、维生素 B_3、维生素 B_5 和尿囊素等。

表2-9列出了一些常见的抗敏特殊成分及其特性、功效的说明。

表2-9　常见抗敏特殊成分的特性与功效

成分		主要特性与功效
抗炎舒敏	β-葡聚糖	在促进修复方面有独特的生物活性，具有增强肌肤免疫力的作用，修复受损细胞，加速角质层再生。协助受损组织加速恢复。同时能降低皮肤对表面活性剂和紫外线的过敏程度，还具有保湿、抗氧化的功效
	洋甘菊提取物	具有抗皮肤炎症和抗刺激的能力，能改善血管破裂现象，有效修复血管，恢复与增强血管弹性，改善皮肤对冷热刺激的敏感度，舒缓皮肤过敏症状。同时能有效修护受损角质层，帮助角质层生长
	马齿苋提取物	富含具有生物活性的氨基酸，对血管平滑肌有收缩作用，能舒缓皮肤和抑制因干燥引起的皮肤瘙痒。还具有防止皮肤干燥、老化，增加皮肤的舒适度及清除自由基等功能
	金缕梅提取物	金缕梅中含有特殊的柔敏因子，能舒缓不安定的肌肤，帮助肌肤恢复镇定；还有明显的收敛作用，能控制油脂分泌，帮助调节肌肤的水油平衡，有效提高肌肤的含水量，平衡 pH，收缩毛孔
屏障修复	神经酰胺	可在角质层中形成网状结构维持皮肤水分；也可直接补充角质层脂质，维持和修复角质层结构的完整性
	维生素 B_3、维生素 B_5	维生素 B_3 与维生素 B_5 均能增加皮肤水合作用，可改善皮肤干燥、脱屑症状，减轻皮肤红斑和刺激症状，具有镇静和抗炎的作用；能辅助角质层脂质生成，改善和修复皮肤屏障功能
	尿囊素	能减轻表面活性剂对皮肤产生的刺激反应，消除皮肤泛红、粗糙、红疹等过敏现象；能作用于角蛋白，增强皮肤的水合能力，使皮肤屏障趋于正常

抗敏精华液是使用非常广泛的一款抗敏产品，由于其有效成分浓度较高、分子小，易于渗透至皮肤内层发挥功效，对皮肤敏感的改善具有很强的针对性，因此广受敏感性皮肤人群的喜爱。表2-10以某款典型的抗敏精华液为例，解析其成分及抗敏功效。

表2-10　某款抗敏精华液成分

成分名称	作用	配方说明
水	溶剂	茶多酚是绿茶提取物的有机成分，具有抗氧化和抗炎的功效，适用于有红血丝症状的皮肤；红没药醇、母菊花提取物是抗炎类成分，能帮助皮肤舒缓敏感；透明质酸和黄瓜果提取物具有保湿功效，帮助修复皮肤屏障
咖啡因	抗氧化剂	
茶多酚*	抗氧化剂、抗炎剂	
透明质酸	保湿剂	
红没药醇*	抗炎剂	
黄瓜果提取物	保湿剂	
母菊花提取物*	抗氧化剂、抗炎剂	
三乙醇胺	pH调节剂	
聚山梨醇酯-20	乳化剂	
卡波姆	乳化稳定剂、增稠剂	
羟苯甲酯	防腐剂	
双（羟甲基）咪唑烷基脲	防腐剂	
EDTA四钠	螯合剂	

注：* 指抗敏类成分。

常见的抗敏护肤品有很多，几乎各种清洁、保湿及防晒产品都可以添加某些抗敏成分，在进行皮肤的清洁、保湿、防晒等日常护理时，同时也起到抗炎、抗敏的作用。表2-11列举了一些常见的抗敏护肤品。

表 2 - 11　常见抗敏产品及其功效

抗敏产品	核心抗敏成分	功效简述
舒缓洁面乳	马齿苋提取物、红没药醇、尿囊素	舒缓洁面乳中添加了马齿苋提取物、红没药醇等具备抗炎抑菌功效的活性成分，以及尿囊素等具备屏障修复功效的活性成分，能够在清洁的同时最大限度地减轻对皮肤的刺激，舒缓皮肤敏感状态；该款产品适合各种基础肤质的敏感性皮肤人群使用
抗敏精华液	洋甘菊提取物、马齿苋提取物、尿囊素	抗敏精华液中添加了洋甘菊提取物、马齿苋提取物等具备抗炎舒敏功效的活性成分，以及尿囊素等具备屏障修复功效的活性成分，对敏感性皮肤的改善具有较强的针对性，是非常经典的一款抗敏产品；该款产品适合有明显脱屑、泛红、瘙痒、刺痛等症状的皮肤敏感人群使用
舒缓修复霜	β - 葡聚糖、洋甘菊提取物、马齿苋提取物、神经酰胺、尿囊素	舒缓修复霜中添加了 β - 葡聚糖、洋甘菊提取物、马齿苋提取物等具备抗炎舒敏功效的活性成分，以及神经酰胺、尿囊素等具备屏障修复功效的活性成分，能迅速补充皮肤水分，有效舒缓皮肤敏感状态，帮助皮肤屏障功能修复；该款产品适合干燥性、敏感性皮肤使用，因其质地浓稠，含油量较高，外油内干的皮肤人群需慎用
舒缓防晒乳	红没药醇、尿囊素	舒缓防晒乳是在一般防晒乳中添加了具备抗炎抑菌功效的红没药醇和具备屏障修复功效的尿囊素，使该产品不仅拥有防晒功效，还能有效防止因使用该产品而发生的敏感反应；该产品适合各种基础肤质的敏感性皮肤人群使用

　　需要注意的是，虽然抗敏护肤品是专门针对敏感性皮肤的人群而设计的，但造成敏感皮肤的原因是复杂多样的，并不代表使用该类产品完全不会造成刺激。因此，强烈建议敏感性皮肤人群在使用该类产品前，一定要进行过敏测试，以保证产品的使用安全性，预防皮肤再次受到不必要的伤害。如在产品使用过程中出现红肿、瘙痒等过敏现象，应立即停用产品，

并用清水清洗干净；如皮肤不适症状在停用产品后仍然没有改善，甚至越来越严重，则应及时去医院皮肤科就诊。

如何进行皮肤过敏测试

过敏测试是大多数人在使用新产品时最容易被忽视的环节。实际上不管是何种皮肤类型的人群，都应该对第一次使用在皮肤上的新产品或新成分做过敏测试。尤其对于敏感性皮肤人群来讲，使用前的过敏测试是一道保险栓，能够帮助判断护肤品是否会引起刺激性反应或化妆品接触性皮炎。

斑贴试验是一种操作性强、可信度较高的试敏方法。此方法适用于所有皮肤类型（但是处于皮炎急性期的人暂不适合测试），具体操作步骤如下：

☞ 选取微量产品涂在耳后或者前臂屈侧。

☞ 进入2～3天观察测试期。在此期间，被测试部位尽量不要沾水，更不要搔抓。

☞ 观察皮肤反应。如果没有任何不良反应，说明对该测试产品不过敏，可放心使用；如有痒、痛、发热，甚至出现红斑、发肿、丘疹和水疱等不良反应时，要果断弃之。

在超市进行护肤品选购时，专柜一般会摆放试用产品，为保险起见，建议先用斑贴试验进行自测，在确定无过敏反应后再作出是否购买的决定。

2. 抗痘护肤品

我们常说的"痘痘肌"即医学上的痤疮性皮肤，其面部表现为单一或混合粉刺（白头粉刺和黑头粉刺）、丘疹和脓疱等症状，部分治愈后会留下粗大毛孔、痘印或痘疤等痕迹。"痘痘肌"形成的原因是多方面的，主要是由雄性激素水平上升、皮脂腺分泌旺盛，造成毛孔堵塞及皮脂无法排出，而微生物大量繁殖所引起的毛囊皮脂腺炎症反应。

抗痘护肤品具有消炎抑菌、抑制油脂分泌和溶解角质的功效。该类产品可以帮助调节皮肤的水油平衡，达到预防和改善痤疮的作用，一般适用于油脂分泌旺盛的油性皮肤人群，或雄激素水平较高的青少年及男性。

抗痘护肤品的消炎抑菌功能是通过其所含抗炎成分抑制细菌的大量繁殖，减少皮脂中的游离脂肪酸，从而减轻及改善瘙痒、红肿等炎症反应来实现的。除前述抗敏护肤品所提及的抗炎成分外，茶多酚、辣椒素和青蒿挥发油等成分也具有消除炎症、抑制细菌的作用，经常被添加于抗痘护肤品中。

抑制油脂分泌的功效一般是通过使用表面活性剂、皮脂抑制类成分来实现的。前者能通过乳化作用去除皮肤表面的多余油脂，后者则通过抑制皮脂腺活性、调节体内激素等方式达到减少油脂分泌的效果。常见的皮脂抑制类成分有硫酸锌、葡萄糖酸锌等锌剂，以及大豆异黄酮、丹参酮等。

抗痘护肤品所含的水杨酸、果酸等酸类成分能够软化角栓，避免过多的老化角质堵塞于毛囊口，具有溶解角质的功效。角质溶解同时疏通毛孔，能使皮肤更充分地吸收后续其他护肤品的有效成分。此外，木瓜蛋白酶、菠萝蛋白酶等蛋白酶类成分也能帮助皮肤加速老化角质的溶解。

表2-12列出一些常见抗痘核心成分及其特性、功效的说明。

表2-12　常见抗痘特殊成分的特性与功效

成分		主要特性与功效
抗炎抑菌	茶多酚	为广谱抗微生物成分，有独特香气，拥有抑菌、抗炎、驱虫、杀螨的功效。能清除多余油脂分泌，调节水油平衡，有助于预防痤疮、祛除粉刺及加速皮损痊愈，使皮肤更光滑，令毛孔更健康、细致

成分		主要特性与功效
抗炎抑菌	辣椒素	将其稀释后涂抹于皮肤，具有抑菌、止痒功效，并可通过刺激皮肤的疼痛和灼热感觉神经，促进活性物质释放，使细胞更具活性，能防止皮肤衰老
	青蒿挥发油	有浓烈芳香味，具有抗病毒和抑制皮肤真菌的作用，尤其对导致痤疮的金黄色葡萄球菌、糠秕孢子菌这两种主要病原菌的抑制作用较为显著
	硫黄	与皮肤及组织分泌物接触后，生成硫化氢、五硫磺酸等多硫化合物，具有杀灭螨虫、细菌、真菌与抗炎的作用，并能去除皮肤表面多余的油脂，溶解角栓
	壬二酸	对痤疮皮肤的常见菌具有抗菌活性，抑制毛囊上皮增生与角化，减少粉刺形成。能使皮肤表面游离脂肪酸的含量减少，达到溶解粉刺的作用
	过氧化苯甲酰	是一种强力的氧化剂，具有杀菌、消炎、角质溶解和轻微的抑制皮脂分泌的作用，可用于中度痤疮。夜晚使用可降低刺激性及光敏风险。主要用作外用药物
抑制油脂分泌	锌剂	锌元素可调节上皮细胞的增生，维持上皮组织的正常修复；可通过杀菌作用减少皮脂被分解为脂肪酸，能抑制表皮有丝分裂作用，以延缓表皮细胞角化；同时具有抗糠秕孢子菌活性功能。常用锌剂有硫酸锌、葡萄糖酸锌、甘草酸锌等
	大豆异黄酮	有植物雌激素之称，是一种天然的选择性雌激素受体调节剂。当体内雌激素缺乏时，可成为雌激素增效剂；当雌激素过多时，可成为雌激素拮抗剂。故其具有雌激素和抗雌激素双重活性，调节油脂的分泌
	丹参酮	可通过直接抑制皮脂腺细胞的增殖、脂质合成，或间接下调皮脂腺细胞雄激素受体的表达，起到抗皮脂腺活性的作用，从而抑制皮脂分泌

续上表

	成分	主要特性与功效
溶解角质	水杨酸	具有弱的溶解粉刺、角质剥脱和抗炎作用，能加强角质剥脱后的耐受性。水杨酸属于油溶性物质，能够渗透到富含脂质的毛孔内，使粉刺栓变松溶解，发挥控油、抗粉刺的作用。但大面积使用或长期持续使用可能引起水杨酸中毒，应慎用于儿童、孕妇及哺乳期妇女
	木瓜蛋白酶	能与羟酸、水杨酸等相互作用，通过对角蛋白的水解作用促进皮肤新陈代谢，具有溶解粉刺、嫩肤、除皱、消除色斑等作用

收敛水是一款典型的抗痘产品，长期使用能够平衡皮肤 pH，调节皮肤水分和油分，收缩毛孔，收敛皮肤，减少粉刺的滋生。表 2 - 13 以某款典型的收敛水为例，解析其成分及抗痘功效。

表 2 - 13　某款收敛水的成分

成分名称	作用	配方说明
水	溶剂	三种抗痘成分对皮肤炎症均有镇静消炎的作用；北美金缕梅提取物可以调节油脂分泌，起到收敛毛孔的功效；透明质酸等保湿剂成分可以保留皮肤水分
丁二醇	溶剂、保湿剂、抗菌剂	
乳酰胺 MEA	保湿剂	
甘油	溶剂、保湿剂	
双丙甘醇	溶剂、保湿剂	
透明质酸	保湿剂	
甘草酸二钾*	抗炎剂、保湿剂	
北美金缕梅提取物*	抗氧化剂、收敛剂、抗炎剂	
沙棘根提取物*	抗氧化剂、抗炎剂	
EDTA 二钠	螯合剂	
香精	修饰剂	
苯氧乙醇	防腐剂	

注：* 指抗痘类成分。

与抗敏产品一样，抗痘产品也是在清洁、保湿产品中添加相应的抗痘特殊核心成分，以起到相应的抗炎消菌、抑制皮脂分泌和溶解角质的功效。表2-14列举了一些常见的抗痘护肤品。

表2-14 常见抗痘产品及其功效

抗痘产品	核心抗痘成分	功效简述
控油洁面泡沫	水杨酸	水杨酸具有溶解角质、清除毛孔中堆积的粉刺污垢等作用，同时还具有一定的控油、抗炎作用；适合皮肤屏障功能尚未受损的油性痤疮性皮肤人群
抗痘去角质磨砂膏	羟基乙酸、苹果酸、水杨酸	羟基乙酸、苹果酸、水杨酸等成分具有溶解角质、加速角质细胞脱落、避免毛孔堵塞的功效；适合皮肤屏障功能尚未受损的油性痤疮性皮肤人群
抗痘收敛水	金缕梅提取物、牛蒡提取物、甘草酸二钾	金缕梅提取物、甘草酸二钾具有抗炎收敛功效，牛蒡提取物具有皮脂抑制功效，能够有效预防及改善痤疮；适合皮肤屏障功能尚未受损的痤疮性皮肤人群
抗痘防晒乳	水杨酸、葡糖酸内酯	水杨酸、葡糖酸内酯等成分能够软化角质，疏通、收敛毛孔，加速细胞新陈代谢，起到抗痘的作用；适合皮肤屏障功能尚未受损的油性痤疮性皮肤人群

3. 美白护肤品

民间有句俗语：一白遮三丑。可见，作为黄色人种的东方女性，其护肤审美中"白皙洁净"的地位有多么重要。

皮肤色素的产生主要由黑色素沉积所造成。位于表皮基底层的黑色素细胞受到紫外线、食物、压力、炎症、老化等因素影响，经过酪氨酸酶的氧化作用，形成多巴和多巴醌，再经过一系列的化学反应后产生黑色素，并向表皮角质层移动，从而使得皮肤颜色出现暗黄、肤色不均、变黑及色斑等变化。

美白护肤品的作用是减少皮肤表面沉积的不均匀色素斑点，或是改善晦暗无光泽的皮肤状态，以使皮肤恢复到颜色均匀、富有光泽的健康状态。依据黑色素的合成与代谢路径，美白护肤品可以通过促进皮肤表面角质溶解、抑制酪氨酸酶活性、还原黑色素和阻碍黑色素转运等机理与途径，来达到淡斑、美白的目的。

皮肤表面的角质溶解机理与前述抗痘产品的溶解角质机理相似，可通过使用酸类成分及蛋白酶类成分，使黑色素随角质形成细胞的脱落而排出，提高角质形成细胞的更新速度，从而使皮肤颜色变浅、富有光泽。

酪氨酸酶的活性和数量与黑色素合成有着直接的联系，当前护肤品市场上的美白产品绝大多数以酪氨酸酶抑制剂为主，并且每年以较快的速度发现新的该类化合物。对酪氨酸酶活性的抑制主要通过直接对酪氨酸酶进行修饰、改性，或是通过抑制酪氨酸酶的合成、取代酪氨酸酶的作用底物，从而达到抑制黑色素形成的目的。常见的酪氨酸酶抑制类成分有熊果苷、甘草提取物、桑树提取物和芦荟提取物等。

还原黑色素是利用还原剂将具有明显黑色的氧化型黑色素转变为无色的还原型黑色素，以减少黑色素的形成和沉积。常见的还原剂有维生素 C、维生素 E 及其衍生物等。

阻碍黑色素转运一般是指通过阻断黑色素在黑色素细胞内的正常运输，抑制黑色素颗粒从黑色素细胞到角质形成细胞的传递，从而达到减少黑色素的形成。

表 2 - 15 列出一些常见的美白特殊成分及其特性、功效的说明。

表 2 - 15　常见美白特殊成分的特性与功效

成分		主要特性与功效
抑制酪氨酸酶活性	熊果苷	是一种应用广泛的美白剂。在不具备黑色素细胞毒性的浓度范围内抑制酪氨酸酶的活性、阻断多巴及多巴醌的合成，从而遏制黑色素的生成。此外，熊果苷渗入皮肤后，能破坏黑色素细胞，造成细胞结构的改变，从而能有效抑制细胞内酪氨酸酶的活性
	曲酸	作为一种祛斑剂，曲酸能够通过抑制酪氨酸酶的合成，强烈抑制皮肤黑色素的形成。对治疗雀斑、晒斑、色素沉着等有很好的功效。但值得注意的是，曲酸有很强的致敏性，可能会产生刺激性接触性皮炎和白斑

	成分	主要特性与功效
抑制酪氨酸酶活性	氨甲环酸	又名凝血酸，主要应用于医学药物中，因其与酪氨酸的化学结构相似，能够替代酪氨酸与酶结合，使酶失去活性，从而有减少黑色素合成的功效。其"击退"黑色素从而祛除色斑的功效非常显著，比维生素C高出50倍，是果酸的近10倍
	甘草提取物、桑树提取物、绿茶提取物	该类植物提取物可通过影响酪氨酸酶的活性来抑制多巴醌的形成，从而减少色素的生成和沉着，具有美白、保湿等效果
还原黑色素	维生素C及其衍生物	包括抗坏血酸（维生素C）、维生素C棕榈酸酯、维生素C磷酸酯镁、维生素C磷酸酯钠、维生素C糖苷等，具有抗氧化的作用，其美白原理是通过阻碍酪氨酸的氧化反应，还原已经形成的黑色素并对紫外线导致的光损伤起到保护作用
	维生素E及其衍生物	包括α-生育酚（维生素E）、生育酚乙酸酯，具有抗氧化的作用，能抑制不饱和脂肪酸的过氧化，从而有效抵制黑色素在皮肤上的沉积，使皮肤保持白皙
阻断黑色素转运	维生素 B_3	能够通过阻断黑色素在高活性的黑色素细胞内的正常运输，阻止黑色素与蛋白质的自由结合，从而减少黑色素颗粒的形成。通过抑制黑色素合成前的转录环节，促进角质细胞脱落，从而达到美白效果

　　添加了美白成分的清洁类产品在皮肤上停留的时间较短，能发挥的美白作用比较有限。相比之下，能给皮肤提供长久滋润的、添加了美白成分的保湿类产品效果更佳，也更受人们的喜爱，尤其是同时具有美白与高度补水功效的明星单品——面膜。其原理是通过覆盖皮肤，将皮肤与外界空气暂时隔离，使局部皮肤水合程度升高，吸收力增强，从而能更好地吸收面膜中的保湿及美白成分。表2-16以某款典型的美白面膜为例，解析其成分及抗敏功效。

表2-16 某款美白面膜的成分表

成分名称	作用	配方说明
水	溶剂	
丁二醇	溶剂、保湿剂、抗菌剂	
对羟基苯乙酮	抗氧化剂	
凝血酸*	美白剂、保湿剂	
甜菜碱	保湿剂	
烟酰胺*	美白剂、抗氧化剂、抗炎剂	
苯氧乙醇	防腐剂	
甘油	溶剂、保湿剂	配方中添加五种有美白淡斑功效的成分,其中以凝血酸和烟酰胺为主要美白成分,具有减少黑色素、淡化色斑的作用;甜菜碱、甘油等保湿剂可以帮助皮肤角质层保持湿润;多种具有抗炎作用的植物提取物可以镇静舒缓,增强皮肤的抵抗力
羟乙基纤维素	成膜剂、乳化稳定剂、黏合剂	
糖基海藻糖	保湿剂、乳化稳定剂、黏合剂	
卡波姆	乳化稳定剂、增稠剂	
精氨酸	保湿剂、pH调节剂	
氢化淀粉水解物	保湿剂	
丙二醇	溶剂、保湿剂、抗菌剂	
银耳提取物	抗氧化剂、保湿剂	
香精	修饰剂	
光果甘草根提取物*	美白剂、抗氧化剂、抗炎剂	
β-葡聚糖	保湿剂、抗炎剂	
水解蚕丝	保湿剂	
白花百合鳞茎提取物	抗氧化剂、抗炎剂	
枣果提取物	皮肤调理剂	
茵陈蒿花提取物*	美白剂	
黄芩根提取物	抗氧化剂、抗炎剂	
桑根提取物*	美白剂、抗氧化剂、抗炎剂	

注:*指美白类成分。

具有美白功效的成分是美白类护肤品的核心，清洁、保湿、防晒产品中均可以添加核心美白成分。表2-17列举了一些常见的美白护肤品。

表2-17　常见美白产品及其功效

美白产品	核心美白成分	功效简述
美白洁面乳	向日葵提取物、法地榄仁果提取物	美白洁面乳中添加了向日葵提取物、法地榄仁果提取物等活性成分，能够抑制酪氨酸酶活性，减少皮肤黑色素合成，从而达到美白淡斑的效果；该款产品适合色素增多性色斑人群使用
美白精华液	熊果苷、烟酰胺、甘草酸铵	美白精华液中添加了熊果苷、烟酰胺和甘草酸铵等活性成分，能够抑制酪氨酸酶活性，抑制和减少黑色素沉着，加速细胞新陈代谢，从而达到淡斑美白的效果；该款产品适合肤色暗黄、肤色不均、有色斑生成的人群使用
美白防晒霜	油橄榄叶提取物、石榴果提取物	美白防晒霜在一般防晒霜基础上添加了油橄榄叶提取物和石榴果提取物等活性成分，能够有效抑制黑色素细胞活性，对皮肤有增白的作用；该款产品适合色素增多性色斑人群使用

值得一提的是，美白成分也分无效成分和有效成分。无效成分一般指氧化锌、二氧化钛等成分，该类成分仅作用于皮肤表面，起到短暂的视觉上的美白效果，无法使皮肤真正变白；有效成分指熊果苷、曲酸等活性成分，其被皮肤吸收后通过延缓、抑制黑色素细胞新陈代谢，从而达到实质性的美白效果。由此可见，辨别一款美白产品是否真正有效不能光凭广告商的一面之词，还需要学会从成分表中找答案。

4. 抗衰护肤品

皮肤衰老分为自然老化和光老化。随着年龄增长，机体的结构和功能逐渐衰退，加之紫外线对皮肤经年累月的损害，我们的皮肤不可避免地会出现老化现象，通常表现为皮肤含水量下降、皮肤干燥粗糙、弹性逐渐丧失、皮肤松弛下垂，严重的则会出现细纹、皱纹等。

抗衰护肤品（表2-18）可以增强细胞的活力，帮助人们预防老化和改善皮肤已有的老化表现。基于皮肤衰老的原理，抗衰类护肤品一般具有补水保湿、抗氧化及促进细胞增殖、代谢三大功效。

补水保湿是延缓皮肤衰老的重要途径之一，通过使用添加了各种保湿类成分的抗衰护肤品，可增强皮肤保持水分的能力，帮助减少和抚平因皮肤屏障功能障碍导致脱水而引起的皱纹。常见的保湿类成分有甘油、矿物油、荷荷巴油和角鲨烷等。更多关于保湿方面的介绍详见本章"保湿护肤品"相关内容。

抗氧化功效是通过使用抗氧化剂帮助消除体内过量的自由基[①]，促进皮肤新陈代谢，对维持皮肤结构的完整性、预防和延缓皮肤衰老起到重要的作用。抗氧化剂主要有两大类：一类是维生素，如维生素C和维生素E；另一类是生物酶，如辅酶Q10和超氧化物歧化酶。

使用抗衰护肤品促进细胞增殖和代谢的途径有两种：一种是促进角质形成细胞更新，刺激基底细胞分裂，以实现抗衰老的效果，常见成分有酸类和蛋白酶类；另一种则是依托生物工程技术，利用含有生物活性的物质如重组细胞生长因子，增强细胞的活性，以实现抗衰老的效果，常见成分有表皮生长因子、成纤维细胞生长因子和角质形成细胞生长因子等。

表2-18列出一些常见抗衰核心成分及其特性、功效的说明。

---

① 自由基是含有一个不成对电子的电子团，在形成分子时，其通过夺取其他物质的电子进行配对，成为稳定的物质，此现象被称为"氧化"。过量自由基在机体内会损伤蛋白质、核酸和生物膜，导致细胞凋亡，并参与许多疾病的发病过程。

表 2 - 18　抗衰护肤品的常见成分特性与功效

成分		抗衰特性与功效
补水保湿	甘油	为一种吸湿剂保湿成分，是较早添加在护肤品中的保湿成分，能使皮肤保持柔软，富有弹性，此外，还具有防止皮肤冻伤的作用
	矿物油	为一种封闭剂保湿成分，不被皮肤吸收，也不易与毛孔内皮脂和角质结合，只覆盖在皮肤表面发挥阻止水分散发的作用，具有很强的封闭性和润滑效果
	荷荷巴油	为一种润肤剂保湿成分，含有丰富的维生素，能赋予皮肤光滑、柔软及不油腻的触感，具有滋养、软化皮肤的功效，且易与皮肤融合，具有抗氧化性
	角鲨烷	为一种仿生剂保湿成分，对皮肤有较好的亲和性，具有高度的滋润性和保湿性，肤感滋润但不油腻，能加速配方中有效成分向皮肤中渗透，有利于维持角质层屏障的稳定
抗氧化	维生素 C	不仅能促进胶原的合成，还能帮助更新脂溶性维生素 E 的氧化形成，且与维生素 E 复配使用具有协同抗氧化作用
	维生素 E	不仅能保护维生素 A、不饱和脂肪酸等物质不被氧化，还能保护皮肤角质层屏障从而减少阳光对皮肤的损伤
	辅酶 Q10	可抑制脂质过氧化反应，提高体内其他生物酶的活性，抑制氧化应激反应诱导的细胞凋亡，经皮吸收后可以使皮肤皱纹变浅，具有显著的抗氧化、延缓衰老的作用
	超氧化物歧化酶（SOD）	能够通过歧化作用消除人体内生成的衰老因子，具有调节体内氧化代谢和延缓衰老、抗皱等效果，同时还具有一定的抗炎和减缓色素沉积的作用
	芦丁、水飞蓟素、黄芩苷	天然植物的抗氧化剂，能清除过量的自由基，还在防止紫外线损伤、祛除红血丝、美白等方面发挥作用
	羟丙基四氢吡喃三醇（玻色因）	具有广泛的生物活性，可以激活黏多糖的合成，促进生成透明质酸和胶原蛋白；还可以改善真皮与表皮间的黏合度，通过诱导真皮和表皮结构成分的合成，促进受损组织的再生，帮助维持真皮的弹性，预防皮肤老化

续上表

成分		抗衰特性与功效
促进细胞增殖、代谢	表皮生长因子、成纤维细胞生长因子、角质形成细胞生长因子	该类生长因子能促进成纤维细胞、角质细胞等细胞分裂增殖，增加脂质的形成和分泌，促进蛋白质的合成；对外源性损伤具有防护作用，可以加快伤口愈合等
	β-葡聚糖（酵母细胞提取物）	通过刺激皮肤细胞活性，增强皮肤自身的免疫保护功能，高效修护皮肤，减缓皮肤皱纹产生，延缓皮肤衰老
	胶原蛋白肽	是胶原或明胶经蛋白酶降解处理后制成的，能促进表皮细胞活力、增加营养及有效消除皮肤细小皱纹

护肤界有一种观点——眼部细纹最能暴露一个人的年龄。这是因为眼部皮肤具有薄嫩、耐受性差和缺乏保湿能力等特点，容易出现干燥、松弛、细纹等老化问题。因此，在抗衰护肤品中，抗衰眼霜深受广大消费者青睐。抗衰眼霜中所添加的成分比面部护肤品更严格，分子更小，保湿成分和有效成分的渗透性更高，具有抚平干纹、改善细纹和黑眼圈等眼部问题的作用。表2-19以某款典型的抗衰眼霜为例，解析其成分及抗衰功效。

表 2-19　某款抗衰眼霜的成分

成分名称	作用	配方说明
水	溶剂	配方中添加了三种抗氧化成分，分别是神经酰胺、银杏提取物、抗坏血酸磷酸酯镁，能保护细胞免受自由基的伤害，也能改善血液循环，从而改善黑眼圈、细纹等眼部问题；产品中含有多种保湿成分及抗炎成分，如丁二醇、甘油、透明质酸等，可以淡化、抚平眼周因缺水而引起的干纹，起到保湿、舒缓的功效
丁二醇	溶剂、保湿剂、抗菌剂	
甘油	溶剂、保湿剂	
卡波姆	乳化稳定剂、增稠剂	
透明质酸	保湿剂	
甘草酸二钾	抗炎剂、保湿剂	
水解胶原	保湿剂	
神经酰胺*	抗氧化剂、保湿剂	
银杏提取物*	抗氧化剂、美白剂	
三磷酸腺苷二钠	皮肤调理剂	
谷氨酸	保湿剂	
抗坏血酸磷酸酯镁*	抗氧化剂、美白剂	
EDTA 二钠	螯合剂	
二羟基苯甲酸甲酯	螯合剂	
氢氧化钾	pH 调节剂	
红色氧化铁	着色剂	
香精	修饰剂	

注：* 指抗衰类成分。

　　添加了保湿剂、抗氧化剂等核心成分的抗衰护肤品，可以帮助皮肤保持紧致、弹性的年轻状态，使皮肤年龄小于实际年龄，将"岁月从不败美人"的美好愿望变为现实。因此，抗衰护肤品理应成为每位护肤爱好者"跑赢时间"的必备硬通货。表 2-20 列举了一些常见的抗衰护肤品。

表 2 – 20   常见抗衰产品及其功效

抗衰产品	核心抗衰成分	功效简述
抗衰洁面乳	虎杖根提取物、迷迭香叶提取物、茶叶提取物、黄芪根提取物	抗衰洁面乳中添加了虎杖根提取物、迷迭香叶提取物、茶叶提取物、黄芪根提取物等具备抗氧化功效的活性成分，能够有效抑制弹性蛋白酶，消除自由基，增加皮肤弹性和抗皱性，达到抗衰老的目的；该款产品适合衰老性皮肤人群使用
抗衰精华液	卵磷脂、越桔籽油、维生素 E	抗衰精华液在精华液基础上添加了卵磷脂、越桔籽油、生育酚等具备抗氧化功效的活性成分，能够促进皮肤细胞再生，增加皮肤弹性和抗皱性，抗衰老效果明显；该款产品适合衰老性皮肤人群使用
抗衰眼霜	维生素 E、海藻提取物、维生素 C	抗衰眼霜中除了添加保湿成分外，还特别添加了维生素 E、海藻提取物和维生素 C 等活性成分，能够消除自由基，起到抗氧化作用，预防和减轻皱纹生成；该款产品适合眼部肌肤干燥或有细纹、皱纹生成的人群使用
抗衰防晒霜	烟酰胺、生育酚乙酸酯、柠檬果提取物	抗衰防晒霜中添加了烟酰胺、生育酚乙酸酯和柠檬果提取物等具备抗氧化效果的活性成分，能够清除皮肤老化现象，减少自由基对皮肤的伤害，增强皮肤新陈代谢，起到预防老化、修复皮肤功能的效果；该款产品适合衰老性皮肤人群使用

选择和使用护肤品的四大原则

　　找到适合自己的护肤品是人们追求变美之路上最基本的诉求，但大多数人的这一基本诉求因为种种原因无法得到满足，导致护肤效果不尽人意，不仅没有使皮肤状态得到改善，甚至可能引发或加重皮肤问题。

　　为什么很难选到适合自己的产品呢？这是因为国内外各类护肤品牌如雨后春笋般层出不穷，其品质良莠不齐、其功能繁杂多样，形成了"乱花渐欲迷人眼"的景象。而很多人缺乏对自身皮肤的基本认知、缺乏基础的皮肤护理知识以及基础产品知识，以致于正确选择和使用护肤品成了一件难事。

　　正确选择和使用护肤品，实际上并没有想象的那般复杂。根据皮肤本身特点及护肤产品发生作用的机理，就能知道护肤的基本规律或要诀，也就很容易知道选择和使用护肤品的基本原则。选择合适自己的护肤品且正确使用护肤品的四个基本原则是安全、有效、温和、适度。其中，安全、有效主要针对选择适合自己的护肤品而言，温和、适度主要指正确使用护肤品，但总体来讲，这四个原则通用于护肤全过程，并没有严格的适用界限。牢记这四个原则，在护肤变美的道路上就可少走弯路，做到"不费钱、不伤肤"，而且还能使皮肤问题逐渐得到改善，皮肤状态持续变好。

　　1. 选择护肤品的原则——安全

　　安全第一，这是选择护肤品的前提，也是选择护肤品最基本的要求。在这个广泛倡导安全的社会环境中，人们对护肤品安全的关注度一直居高不下，特别是在"鸦片面膜"出现之后，将护肤品安全问题又推到了一个新高度。追求美固然重要，但绝不能建立在无安全保障的基础上。

为确保买到正品，强烈建议平常在购买护肤品时要选择正规渠道，常见的有公司官网、平台电商自营、电商平台旗舰店等线上渠道，以及品牌自营店、百货商店、护肤品专卖店、品牌专卖店等线下渠道。同时，在挑选产品时要仔细查看产品包装上的标签和身份证明，其身份证明可在购买时要求销售者出示，也可以自己通过国家药品监督管理局的网站（http://www.nmpa.gov.cn）查询。

另外，在选择产品时不要轻信有"迅速美白""一瓶抹平皱纹"等虚假、夸大广告词的产品，因为皮肤有自己的新陈代谢周期，护肤是一个循序渐进的过程，无法速成，迫切追求功效只会让护肤变得不理性，甚至威胁到皮肤的安全。

2. 选择护肤品的原则二——有效

功能有效是选择护肤品的基本要求，同时也是最终目标。如果一个产品使用后并无效果，那还不如顺其自然，以免浪费时间和金钱；如果产品的效果适得其反，那就是负效果了，将带来更多的肌肤问题和糟糕的心情。护肤是为了让自己拥有更好的皮肤状态和更美丽的外在，不以追求好效果为目的的护肤都是"耍流氓"，护肤也就变得毫无意义。选择护肤品除安全方面的考量外，还需要综合考虑年龄、皮肤类型、季节气候、针对性改善需求四大因素，做到因需护肤、对症护肤，才能使护肤效果最大化。

在不同的年龄阶段，护肤品的选择需随皮脂分泌量的不同而有所变化，一般来说，青春期适合清爽、控油类产品；青春期后适合温和、较滋润的产品。不同的皮肤类型选用的护肤品也有明显不同，干性皮肤需要加强补水保湿，可以选择水分含量高、保湿效果强的产品；而油性皮肤则更看重清洁控油，就要选去脂力强且具有控油效果的产品。即便是同一种皮肤类型，在不同的季节气候状况下其皮肤状态也会有较大差别。例如，中性皮肤春夏季偏油，需选择适合油性皮肤使用的护肤品；而秋冬季偏干，就需要参照干性皮肤适当选择具有保湿功能的护肤品。

在日常护理时，若发现脸部出现痤疮、敏感、暗黄等皮肤问题时，则应当主动出击、积极寻求科学的改善方法，切忌不要轻信一些未经科学验证的民间偏方。要想改善皮肤问题，所选择的护肤品必须要有针对性，要事先进行该产品的有效成分的求证与确认。比如，脸部出现暗黄、色斑时应选择美白类护肤品，可查找该款产品的成分表中是否包含熊果苷、水杨酸等具有美白功效的成分；脸部有刺痛等敏感现象时，应选择抗敏类护肤品，可查找该款产品成分表中是否包含芦荟提取物、神经酰胺等抗敏成分。

3. 使用护肤品的原则三——温和

从产品角度来说，性能温和的护肤品指的是不添加或极少添加酒精、色素、防腐剂或其他化学添加剂的护肤品，使用后皮肤不会出现刺痛感、紧绷感等刺激反应。皮肤的屏障功能虽然强大，但其结构却相对脆弱，一些化学添加剂或功效成分虽然能够带来速效，但同时具有一定的刺激性和致敏性，长期使用会造成皮肤屏障的破坏。因此，选择性能温和的产品是非常重要的。

除了选择性能温和的护肤品外，温和的使用方法与护肤手法也十分重要。比如，使用清洁产品清洁面部的频次不宜过多，每次清洁的时间也不宜过长；少用或者不用化妆棉、洗脸刷等清洁工具对皮肤进行二次清洁和深层清洁；在护理皮肤时手法要轻柔，不能使劲揉搓，也尽量不要用粗糙的毛巾擦脸；洗脸时要避免水温过热或过冷（以 25 ～38 ℃ 为宜），忌用冷热水交替洗脸，以免刺激皮肤。

4. 使用护肤品的原则四——适度

护肤不到位就达不到应有的护肤效果，护肤过度则会加重皮肤负担，甚至破坏皮肤屏障，故护肤应适度。我们应当时刻提醒自己：我们的皮肤不是一块"试验田"。在琳琅满目的护肤品中，适合自己皮肤的好产品肯定不止一种，但这不代表你需要全部尝试一遍、全部都使用在自己宝贵的"面子"上。因为这样做不仅会加大你的护肤预算，还有可能增大不同品牌护肤品混用时对皮肤产生刺激的风险。

从产品类别来看，一般情况下，清洁、保湿、防晒这三大基础系列的护肤品是必不可少的。此外，如有特殊的皮肤问题护理需求时，可适当增加相应的特殊功效成分护肤品即可。同一种产品也不能备用太多，以免造成过期和浪费。

此外，护肤品的使用频次、用量及使用时间上也要适度。如果过度频繁地使用去角质产品、撕拉式面膜等产品，只会一步步摧毁皮肤屏障的防御保护功能，降低皮肤的耐受性；护肤品用量过少达不到应有的效果，用量过多又可能增加皮肤的负担；一些护肤品在使用时间上是有要求的，如防晒霜要在出门前 15 分钟涂抹，晚霜只能在晚上使用。尤其需要注意的是，大多数面膜的使用时间是最需要被合理控制的，建议将每次敷面膜的时间控制在 20 分钟以内（面膜还保持在湿润状态），如果面膜敷得过久，反而会使皮肤角质层流失更多的水分，那么我们就无法获得想要的护肤效果。

只需五步，教你快速辨识护肤品质量状态

护肤品开封后，如果在使用中不注意保管，就很容易变质，变得不安全。因此，最好养成在使用前检查护肤品质量状态的习惯。以下五个小技巧可以帮你进行检查。

☞ 看标签。对产品的包装和标签进行识别，护肤品的标签上应当标明产品名称、化妆品生产许可证编号、净含量、生产日期和保质期或者生产编号和限期使用日期、批准文号、生产企业名称和地址、产品成分表、产品执行标准、产品合格标记等。另外，还应特别注意标签上的安全警告用语。

☞ 观颜色。观察一下护肤品的颜色，合格的护肤品其色泽自然、膏体纯净，若存在发黑或发黄的情况，说明该护肤品已经变质了，不具备安全性。

☞ 闻气味。护肤品的香味无论是淡雅还是浓烈，都应十分纯正。变质后往往香味变得淡弱，或有酸辣气，或有甜腻气，或有氨味，甚至有难闻的怪味（醛味）或臭味。珍珠霜、人参霜、蜂乳等营养型化妆品容易变质而出现异味。

☞ 看稀稠。当乳类或者膏霜类护肤品变稀出水时，说明护肤品的质地不稳定或者已经变质了。

☞ 察表层。如果观察到护肤品表面已经出现霉斑，则说明已经变质了，不可再继续使用。

护肤品十问

1. 使用护肤品会有用吗

有些人可能觉得护肤品一无是处，而有些人则认为护肤品无所不能。这两种观念都不利于让人们对护肤品形成一个正确的认知，进而也会使很多人无法科学、正确地利用护肤品来保养自己的皮肤。

人们常说："保养就是老样子，不保养就是样子老。"以十年、二十年的时间跨度来看，那些坚持使用护肤品的人与疏于护肤的同龄人，其容颜恍如两代人，这就是护肤带来的效果。

护肤品种类繁多、功效各异。如清洁类、保湿类、防晒类等起基础的肌肤护理作用的护肤品，已成为现代生活中广大女性的日常必需品，这类产品的体验感较强、见效时间较快；而具有修复、美白、淡斑、祛痘、淡化皱纹等功效的护肤品，就要因人而异，见效时间一般较慢。根据每个人实际存在的肌肤问题而选用护肤品，方能见到更具针对性的改善效果。

很多人使用护肤品后觉得没什么用，其实是因为性子太急，等不到皮肤发生变化。产品见效时间与皮肤的代谢周期相关，一般认为，需要经过28 天的代谢周期后，产品才能明显见效。值得注意的是，皮肤代谢周期并不是固定的，与年龄密切相关，这是因为随着年龄的增长，身体机能会呈现不同的状态。

2. 护肤品含防腐剂是正常、安全的吗

防腐剂是护肤领域的热门话题，许多人看到"防腐剂"三个字仍会

心头一紧，生怕自己用的产品中的防腐剂会给皮肤带来可怕的伤害。其实，防腐剂是护肤品制造过程中被普遍添加的成分。护肤品需要经历原料采集、制造、存储、长距离运输、销售等多个环节才能到达我们手中，在日常使用中还需要反复开盖、挤压，再加上护肤品中的营养成分是细菌、霉菌等微生物滋生的优良环境，这些情况都会使护肤品极易被微生物污染，让产品无法使用。为保证护肤品在生产、保存和使用过程中安全有效，就需要在护肤品中添加一种或多种防腐剂，保持护肤品的性质稳定，延长其使用寿命。

事实上，防腐剂的使用不管在哪个国家都会受到严格的监督管理。我国《化妆品卫生规范》早在 2002 年就将化妆品防腐剂归纳在限用物质中，并明确规定了具体的限用量。在选用护肤品时，如果避开羟苯异丙酯、羟苯异丁酯、羟苯苄酯、羟苯戊酯等禁用的防腐成分，那么造成直接的刺激、过敏的概率是非常小的。

防腐剂不是什么妖魔鬼怪，只要从正规渠道购买品质优异的护肤品，再结合斑贴试验的过敏测试方法，就能从很大程度上避免防腐剂对皮肤造成刺激或引发过敏及接触性皮炎等。

3. "药妆品" 是什么

近年来，化妆品行业和医学、药学领域的交叉越来越密集，药妆品依靠其安全性和功效性受到广大消费者的热捧。根据《药妆品》（第 3 版）的定义，药妆品是以皮肤的生理机制为基础，合理采用具有活性成分和科学基础的配方，能够影响皮肤的结构与功能，从而真正改善皮肤质量的化妆品，其效果具有客观评估的依据。

然而，目前国际上并没有公认的"药妆品"定义，其尚未成为一个法律意义上的化妆品类别。为避免化妆品和药品的概念混淆，我国国家药品监督管理局不允许将化妆品宣称为"药妆品"。欧盟、中国、韩国分别使用"活性化妆品""特殊用途化妆品"和"功效性化妆品"等不同的术语来描述这一类产品。

在可预见的未来，"药妆品"还难以获得法律上的独立地位。但随着化妆品和科学的迅猛发展，"药妆品"这个概念已越来越被人们熟知并持续成长。但比起深入了解"药妆品"的概念，消费者更需要知道的是如何选购真正安全、有用的护肤品，避免陷入"药妆品等同于药品"之类

第二章　认识护肤品

的宣传误区。如前所述，选择和使用真正适合我们的护肤品，需要注意是否符合安全、有效、温和、适度这四大原则。

4. 男性用的护肤品和女性用护肤品真的有区别吗

"护肤品"这三个字，基本上已经和"女性"这个群体强行绑定了。而随着生活水平、对护肤的重视程度等的不断提高，男性用护肤品也已成为护肤品中一个闪亮的细分市场。

相比女性用护肤品，男性用护肤品质地一般会更清爽，香味、包装上更男性化，重点功效在于"控油"，产品程序和步骤上也更简单，这可以满足大多数崇尚简单自然的男性的心理和生理需要。

男性用护肤品和女性用护肤品的区别，其根本在于男性与女性的皮肤差别。通常来说，男性和女性的皮肤差异具体表现在：男性角质层比女性厚20%；角质更新速度比女性慢10小时左右；皮脂腺分泌旺盛；黑色素含量高于女性等。因此，商家会根据一般男性的皮肤特质，有针对性地开发更具备功效指向性的男性用护肤品。比如，男性用洁面产品通常采用清洁力较强的皂基，去角质产品的清洁力度总是高于女性用的；保湿方面，女性用护肤品中通常会加入一些油性保湿成分，但男性护肤品基本都采用无油配方。

而从整体的皮肤结构来看，男性和女性的皮肤又几乎没有差别，皮肤的护理原则是共通的。另外，考虑到个体差异，有皮肤很薄、很敏感的男性，也有角质粗厚的女性。所以，我们可以抛开性别来看待男性用和女性用的护肤品，按照安全、有效、温和、适度这四大原则来选购护肤品。如果有强烈清洁或控油需求，女性可以选择适合自己的男性用护肤品。根据自己的皮肤情况，再加上受制于目前市场上男性用护肤品的产品线比较简单，男士们也可以从女性产品中挑选适合自己的，如美白、抗衰等类型的护肤品。

5. 护肤品一定要配套使用吗

护肤品有七大类别，日常护肤离不开清洁、保湿、防晒三类产品，在进行针对性的特殊保养及护理时，还需要适当地购买抗敏、抗痘、美白或抗衰等产品。为了拥有健康靓丽的皮肤，单一的产品或有限的功效往往难以满足我们的需求。因而，我们更倾向于选用多种具备不同护肤针对性的产品，配成全套来护理皮肤。

一般而言，同一品牌的全套护肤品会考虑到系列产品配方的协调性和完整性，效果通常比单一使用更好。日常中，我们可以选择配套使用同一品牌的一系列主题护肤品，如高保湿套装、酵素舒缓套装等。这可以帮助护肤新手们少走弯路，护肤更有针对性，避免搭配错误。然而，同一主题的护肤套装，其功能较为单一，往往需要多个主题套装进行搭配，如高保湿套装产品的功效仅是保湿，因此在保湿之外，还可以适当搭配清洁套装、防晒套装等，这样才能做到多方兼顾、面面俱到，从而让皮肤更加健康靓丽。

同时，你可能发现身边不乏搭配使用各种品牌护肤品的人。通常，经过合理搭配的不同品牌护肤品混用不会对皮肤造成不良影响，但非合理的搭配可能会增大刺激皮肤的风险。在混用不同品牌产品时，受到高分子聚合物、粉体、硅油、硅弹性体、pH及质地变化的影响，很容易引起"搓泥"现象。此外，不同品牌相同功效的产品可能会因为成分相异导致相互削弱甚至抵消，或者会因为成分叠加导致营养过剩。由于皮肤的吸收能力有限，极易引起皮肤排斥反应，导致过敏。如果需要混用多个品牌的护肤品来解决皮肤问题，建议预先进行少量产品的试用，观察一段时间后确保其不会对肌肤造成伤害，方可继续使用。

6. 如何正确更换护肤品

市面上的护肤品种类繁多，给护肤人士带来了丰富的选项，也常常使很多人产生尝鲜及更换不同品牌护肤品的冲动，以寻找效果更好的产品。一般来说，如果单纯出于好奇更换其他品牌的护肤品，就很容易因为盲目尝试而导致皮肤受到刺激、引起过敏。如果长年使用同一款护肤品，当你觉得效果较初期使用时变得微弱，就可以考虑更换另一种品牌的护肤品。有一种情况，我们需要特别注意：以前使用的产品是否含有速效的激素成分，如果对该产品产生依赖效应，则一经停用皮肤状态就会急剧变差。在立即停止使用含激素的速效护肤品后，最好在专业的皮肤科医生指导下进行肌肤调理，并更换相关护肤品。

如何正确更换护肤品呢？护肤品更换需要遵循一定的规律，简而言之就是：由外到内，循序渐进。"外"指的是卸妆、清洁、去角质等清洁产品；"内"指的是精华、乳液、眼霜、面霜等大部分具有滋润保湿功效的保湿产品。在更换护肤品时，建议先更换主要作用于肌肤表层的"外部"清洁产品，在皮肤逐渐适应新产品后，再更换作用于皮肤较深层的"内部"保湿产品。最后需要特别强调的是，因每款护肤品的成分有所区别，在更换任何一款新产品前，应预先做过敏测试。

7. 护肤品越贵越好吗

护肤品的质量是好是坏、作用是弱是强，在正式使用验证之前，普通消费者常常难以分辨。所以，价格就变成一个重要的外部评判因素，贵的护肤品往往容易让人觉得更有保障和效果。从成本角度来看，护肤品在研发、生产、包装、运输、存储、宣传、设计等方面都需要一定的资源投入，一些高价护肤品在品牌效应、营销宣传等方面投入的成本更高，其原料质量、研发水平与生产技术与一般价位的护肤品相比具有一定的资源投入优势。但是，更高的资源投入并不一定有更好的效益产出，决定护肤品的优劣的主要因素是原料、成分、配方、工艺及效果。从消费者的角度来看，除了性价比方面的考虑外，选用护肤品需要遵循安全、有效、温和、适度四大原则，并非越贵越好。

因此，选择合适的护肤品要根据自身皮肤的实际状况，在确保安全的前提下衡量皮肤与产品的匹配程度，并不是高价品牌的所有产品都适合你，也并不是平价品牌的产品就不适合你，只有适合你的才是最好的。

8. 护肤品的使用有先后顺序吗

采用正确的护肤顺序可以取得更好的护肤效果。护肤品的使用顺序是由分子的大小所决定的，需遵循先小后大的顺序。由于油脂性护肤品通常是在皮肤表面上发挥作用，渗入皮肤深层的营养成分约为0.06%，如果先使用油脂性含量比较高又很浓稠的护肤品，就会在皮肤表面形成一个包裹层，不利于小分子护肤品中的营养成分渗透到皮肤的深层。因此，质地越清爽、越稀的护肤品应该先使用，反之则应后使用，这样有利于不同分子大小的营养物质的充分吸收。

清洁、补水保湿、防晒为基础护理，是肌肤护理必不可少的部分，其余的护理步骤，可以根据个人皮肤具体情况，灵活选择使用。

日常护肤流程指南

1. 简易版护肤

基础的护肤流程：卸妆→洁面→（去角质）→化妆水→（面膜）→乳霜→防晒（图2-8）。

白天　洁面　化妆水　乳/日霜　防晒

夜晚　卸妆　洁面/去角质　化妆水　面膜　乳/晚霜

图2-8　简易版护肤流程

日间防晒、夜间卸妆是万万不能忽视的两个步骤。当需要去角质时，可在洁面后进行；基础的护理偶尔可以考虑在使用化妆水之后加敷一片补水面膜，再擦乳霜。乳液与霜可以分开用，只用乳或只用霜；如果觉得乳液不够保湿，应该"先乳后霜"，有分日霜、晚霜的面霜早晚分开用即可。

2. 升级版护肤

升级后的护肤流程：卸妆→洁面→（去角质）→化妆水→（面膜）→精华（面部＋眼部）→眼霜→乳霜→防晒（图2-9）。

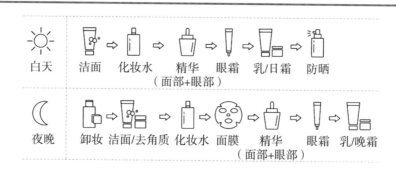

图2-9 升级版护肤流程

并非一定要完全按照流程进行护肤，我们可以根据自己的皮肤状态在日常皮肤护理三步骤的基础上进行增减。比如，想要消除暗黄，可以考虑添加使用美白精华；如果有预防和淡化眼部细纹、改善黑眼圈的想法，可以考虑添加使用眼部精华和眼霜的步骤。

9. 如何把握护肤品的用量

多数人在使用护肤品时都无法合理把握护肤品用量，有些人认为多多益善，一瓶护肤品用半个月就见底，有些人则比较节省，甚至一年都用不了一瓶。实际上，无论是过量使用还是用量不足，都不是明智的做法。

护肤品过量使用，不仅无法取得速效或提升效果，而且容易造成浪费。有些护肤品（如面膜）如过量使用，甚至会造成皮肤过度水合，破坏皮肤的屏障功能。护肤品用量不足，则皮肤无法吸收足够的水分及营养成分，达不到护肤目的。

护肤品的用量受到皮肤类型、季节、性别甚至脸部大小等多种因素的影响，但总体上用量以使用后面部感觉舒适（不油不干、不厚不薄）为宜。为更直观地了解各种产品的具体用量，有一种将产品用量简化为常见食品来衡量的方法，详见表2-21。

表 2 - 21　常见护肤品推荐用量

产品	频次	用量描述	食物大小衡量
洁面乳	早晚各 1 次	挤出长度约 1.5 cm	1 粒榛子
乳液	早晚各 1 次	挤出长度约 1.0 cm	2 颗葡萄干
精华液	早晚各 1 次	按压 3 ~ 4 次	1 颗青豆
眼霜	早晚各 1 次	挤出长度约 0.1 cm	1 颗松子
晚霜	晚上 1 次	挤出长度约 0.5 cm，干性皮肤用量适当增加	1 颗蓝莓
防晒霜	若干次	首次使用挤出长度约 2.5 cm，补涂用量减半	1 颗葡萄

10. 护肤品的保管需要注意什么

护肤品若保存不当，很容易变质，这样不但不能保证护肤的效果，还可能给皮肤造成额外的负担。妥善保管护肤品，需要注意存放时间、存放位置和日常使用习惯等。综合来说，护肤品的保管有"五怕"（图 2 - 10），避开这五个常见雷区，才能使产品不会因保管不善而变质失效。

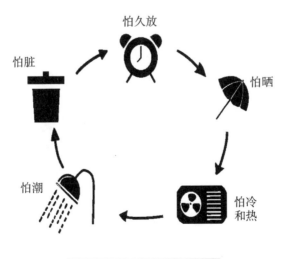

图 2 - 10　护肤品"五怕"

怕晒：阳光或灯光直射处不宜存放护肤品。因为光线照射会造成护肤品水分蒸发，且会使某些成分失去活力而引起变质。阳光中的紫外线还能使护肤品中的一些物质发生化学变化，影响使用效果，甚至发生不良反应。

怕冷和热：护肤品的保存温度不宜过高，高温容易造成油水分离、膏体干缩，引起变质；长期存放时，可放在冰箱的保鲜冷藏室，但不能存放在冷冻室，因为温度过低时会使护肤品发生冻裂现象，解冻后可能会出现油水分离、质地变粗，对皮肤产生刺激作用。

怕潮：有些化妆品含有蛋白质，受潮后容易发生霉变，还有些化妆品使用了铁盖设计，受潮后容易生锈腐蚀化妆品，使化妆品变质。

怕脏：护肤品使用后一定要及时旋紧瓶盖，以免细菌侵入繁殖。使用时最好避免直接用手取用，可以用干净的特制工具取用。如果一次取用过多，可涂抹在身体其他部位，不可再放回瓶中。

怕久放：注意留意护肤品的保质期，尤其是开盖后的护肤品，其有效使用期限会缩短，应当在 1 年内用完。

美 肤 说

护肤品的保质期真的那么久吗

　　大多数护肤品在未开盖时的保质期为 3 年，这让人们觉得护肤品的保质期很长，使用时也不太重视护肤品的过期问题。其实，护肤品的保质期分为开盖前和开盖后（图 2 - 11），开盖后护肤品的性状和质量会受到外界环境的影响，其保质期相比于开盖前会大大减短。护肤品在室温下的保存期和使用期大致如下。

　　☞　水状产品：如化妆水、卸妆水等，开盖前保质期为 3 年，开盖后保质期为 6～12 个月。

　　☞　霜状产品：如面霜等，开盖前保质期为 3 年，开盖后保质期为 6～12 个月。

　　☞　膏状产品：如洗面奶、磨砂膏、面膜等，开盖前保质期为 3 年，开盖后保质期为 1 年。

　　☞　防晒产品：开盖前保质期为 3 年，开盖后保质期为 6 个月。

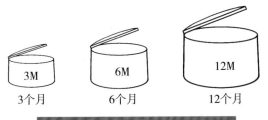

图 2 - 11　护肤品开盖后保质期图示

第三章

皮肤的基础护理

　　皮肤是人体最大的外部器官，由于裸露在外，皮肤更易受到外部环境的侵害。紫外线、PM2.5污染、有害微生物及温湿度频繁变化等都会直接对皮肤造成影响。如果皮肤的基础护理做得不好，很容易加速皮肤老化、出现各类皮肤问题，导致皮肤亚健康，甚至导致皮肤病。

　　在信息泛滥时代，很多人养成了护肤"拿来主义"，对网络和坊间未经验证的护肤方法和护肤偏方照单全收，却不慎造成了更多的"面子问题"。科学护肤就是要根据自身皮肤类型与自身实际情况，做到因人而异、"因质而异"、有针对性地进行皮肤护理。

　　在本章，你将了解到基础的皮肤类型——中性皮肤、干性皮肤、油性皮肤及混合性皮肤，了解每种类型的特点及成因，并学会如何判别自己的皮肤类型，轻松掌握具有针对性的科学护肤方法，让你拥有好"面子"！

基础皮肤类型划分

　　我们去化妆品柜台购买护肤品时，导购员会提到所推荐的产品适合什么皮肤类型；到美容院做皮肤护理时，会有专业仪器进行皮肤测试，以帮助判断皮肤类型；在电商平台购买产品时，商品详情页会说明该款护肤品适合哪种类型的皮肤；甚至有些护肤品在外包装上会明确标识适用于哪种皮肤类型。

　　确定皮肤类型是科学护肤的第一步。那么，你知道皮肤类型是如何划分的吗？有哪几种基础皮肤类型？每一种皮肤类型又有哪些特点呢？

　　1910 年，全球顶级奢侈美容品牌郝连娜的创始人郝连娜夫人首次提出皮肤分类概念，将皮肤分为干性、油性、混合性三种类型，开启了美容护肤的新纪元。随着美容护肤行业的不断深入发展，关于基础皮肤类型的划分研究也更为深入，目前比较常见的有三种，分别是 Fitzpatrick 日光反应皮肤分类法、Baumann 皮肤分类法和五大皮肤分类法。Fitzpatrick 日光反应皮肤分类法是以人体皮肤对日光照射后灼伤和晒黑的反应特点作为划分标准的，分为 6 种；Baumann 皮肤分类法是以人体皮肤的水/油状态、色素性/非色素性、敏感性/耐受性、衰老性/紧致性作为划分标准，共分为 16 种；五大皮肤分类法是将皮肤分为中性皮肤、干性皮肤、油性皮肤、混合性皮肤和敏感性皮肤。其中，五大皮肤分类法最为常见，它直观、简单，应用较为广泛。

　　本书结合相关文献在原五大皮肤分类法的基础上，基于水油平衡的关键分类依据，将基础皮肤分为中性皮肤、干性皮肤、油性皮肤和混合性皮肤（图 3 - 1）。另外，因为敏感性皮肤本质上属于问题皮肤范畴，故将五大皮肤分类法中的敏感性皮肤单独划分出来，将其归类为一种常见的问题皮肤类型。在本书第四章会对其类型及针对性护理做出详细说明。此外，这四大皮肤类型中的混合性皮肤之"混合"，是指面部"T区"及"U区"由两种或两种以上的基础皮肤类型组成的混合型状态，而非指面部混合了多种皮肤问题。

四大皮肤类型综合考量了皮肤的角质层含水量和油脂分泌量两个维度，阐明各基础皮肤类型所含的水、油情况。在此基础上进行有针对性的科学护肤，使角质层含水量和油脂分泌量达到各自的平衡状态，保持皮肤处于最佳的健康态。

图3-1 四大基础皮肤类型示意

中性皮肤角质层含水量正常（10%～20%），皮脂分泌量适中，即皮脂分泌量与角质层含水量达到了各自的平衡状态，属于标准的健康皮肤。这类皮肤既不会油光满面，也不会因为水分不足而感到紧绷，其pH为4.5～6.5，呈弱酸性，是最理想的一种皮肤类型。

油性皮肤角质层含水量正常（10%～20%），皮脂分泌量较高，皮肤看上去油光发亮，毛孔粗大，肤色较暗且无透明感，其pH<4.5，偏酸性，皮肤弹性好，但易生痤疮、毛囊炎。

干性皮肤角质层水分含量低于10%，皮脂分泌量少，皮肤干燥、脱

屑，毛孔细小，肤质细腻但肤色晦暗，易出现细纹、色素沉着，其 pH >
6.5，洗脸后皮肤紧绷感明显，严重干燥时皮肤有破碎瓷器样裂纹，对环
境不良刺激耐受性差，易敏感。

很多人的皮肤并非单一的类型，有可能是多种类型同时并存，即混合
性皮肤，该类皮肤最主要的表现是：面部 T 区（前额、鼻翼、鼻唇沟、
口及下巴）为油性皮肤，面部 U 区（脸颊两侧）为干性或中性皮肤（图
3 - 2）。

图 3 - 2　面部分区示意

特别值得一提的是，我们的皮肤类型并非一成不变。影响皮肤发生变
化的因素繁多而复杂，常见的如年龄增长、四季变迁、环境变化、护肤习
惯变化等。在儿童时期，大多数人的皮肤处于理想的健康状态，青春期开
始后，由于激素变化，很多人的皮肤会演变为油性皮肤。在换季的时候，
如夏日温度高、湿度大，皮脂腺出油增多，中性皮肤会转为油性皮肤；秋
风一起，油性皮肤也会感觉干燥，到冬季可能会向中性皮肤转化。从南方
湿润地区到了北方干燥地区，中性皮肤可能会因皮脂分泌不足而变为干性
皮肤。如果护肤习惯不好，经常用强碱性肥皂洗脸，油性皮肤也可能被折
腾成干性皮肤。

皮肤类型不同，我们的护理侧重点也应有所差异；皮肤类型变了，相
应的护肤方法也应有所调整。因此，正确认识和区分自己的皮肤类型，才
是打开美肤大门的正确姿势。

快速了解你的皮肤类型

在生活中，很多人搞不清自己究竟属于哪种皮肤类型，也不知道如何判别。下面给大家介绍四种常用的皮肤类型判断方法，分别是肉眼观察法、纸巾按压法、问卷测试法和仪器检测法。

肉眼观察法的优点是简单、快速，能够用眼直接观察；缺点是准确性较低，可能存在"眼见为虚"的情况。

纸巾按压法的优点是易判别，且准确率较高；缺点是操作较为复杂，耗时较长。如果要你花一个晚上的时间去测试，对于急性子的人来说简直就是一种折磨。

问卷测试法的优点是全面、准确，问卷设计层层深入，是一种较为科学的方法，但可能受到问卷设计和填写人的主观因素影响，导致结果产生误差。

仪器检测法的优点是快速、可以测试皮肤多种指标、结果准确，是所有方法中最为科学的一种。

1. 肉眼观察法

当你想马上知道自己的皮肤类型，但没有其他方法可选择时，可以通过肉眼观察法（图 3 - 3）来初步判定。首先请你确保 2 小时内没有涂抹护肤品、也没有化妆，然后再移步至一个自然光线比较充足的地方，对照镜子仔细观察你的面部皮肤。

如果你的皮肤看起来既不干燥也不油腻，肤色红润有光泽，用手触摸时感觉光滑细腻、富有弹性，那么恭喜你，你很可能是中性皮肤。

如果你的皮肤整体看上去比较薄、干燥，甚至有细小的灰白色皮屑，肤色偏白皙但缺乏润泽度。试着笑一下，眼角、嘴角处会有细纹产生（甚至不笑的时候也有细纹），那么你很可能是干性皮肤。

如果你的皮肤整体看上去很油腻，用手摸一摸会有油脂，在镜子中甚至会出现反光的现象，鼻翼两侧毛孔粗大，肤色比较暗沉，那么你很可能是油性皮肤。

如果你只是面部 T 区较油腻，面部 U 区较干燥或者非常干燥，那么你可能就是混合性皮肤。

中性皮肤

油性皮肤

干性皮肤

混合性皮肤

图 3-3　肉眼观察皮肤

2. 纸巾按压法

肉眼观察法适用于判定特征非常明显的皮肤类型，如对于判定结果心存疑虑，或皮肤特征并不明显的，可以采用纸巾按压法（图3－4），具体操作方法如下。

用洗面奶进行基础洁面，隔30分钟后自我感觉整个面部皮肤是否有紧绷感，若是，大致可判断为干性皮肤；若不是，可采取以下方法进一步判断。

早上起床后，拿一张干净柔软的面巾纸完全按压面部，若面巾纸上油印面积较小，呈微透明状，则可判断为中性皮肤；若面巾纸上油印面积较大，呈透明状，则可判断为油性皮肤；若纸巾上T区油印面积较大，其余部位较小，则可判断为混合性皮肤。

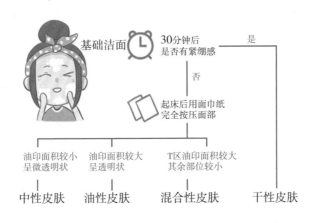

图3－4　纸巾按压法流程

3. 问卷测试法

科学的皮肤测试问卷可以帮助我们对皮肤状况有一个全面的了解。研究表明，人们对于自己皮肤的认识往往是错误的，而且常常受到别人意见的影响，因此在填写问卷过程中要根据自身实际情况来作答。

下面介绍一种皮肤测试问卷——"D-O测试法"，"D（dry）"指的是干性皮肤，"O（oil）"指的是油性皮肤。请根据你当下的皮肤实际状况作答，在最合适的选项上画"√"。若某些情形很难判断，请根据题目描述再测试一次，以最大程度反映皮肤的真实状态。

现在就开始吧！

D-O 测试法

（1）起床后，先用纸巾轻轻按压面部皮肤，取下并观察纸巾上的透明油印，此时油印的情况为____。

A. 几乎没有

B. 少量油印

C. 中量油印

D. 大量油印

（2）用30～40 ℃的温水清洁面部，吸干皮肤多余水分，不涂抹任何护肤品，室内活动2～3小时后，此时你的感受为____。

A. 紧绷感明显，伴有痒、痛感

B. 稍感紧绷，可以忍受

C. 皮肤状态正常

D. 有油腻感

E. 我不知道（注：反复检查仍不能判断状况时才选 E）

（3）接着，在光线充足的环境下照镜子观察面部皮肤，发现皮肤____。

A. 干裂，有灰白色的皮屑分布于面部皮肤

B. 看起来很粗糙，无皮屑

C. 有着正常纹理，与平时无明显差别，且无反光

D. 能看到反光，且有油

（4）用镜子（最好有放大功能）能从你脸上看到多少明显（大头针尖）的毛孔？

A. 没有

B. 只在 T 区有一些

C. 看到许多

D. 看到非常多

（5）观察完脸部毛孔后，在还未使用任何产品的情况下，你的脸部需要涂抹保湿产品吗？

A. 必须立即涂保湿产品，否则皮肤不适感无法缓解

B. 涂上保湿产品，皮肤会感觉更舒适

C. 可以用，但不涂也没有不适

D. 完全可以不用，用了会太油腻

（6）脸上涂上保湿产品 2～3 小时后你的两颊部位会＿＿＿。

A. 非常粗糙，会出现脱皮或者呈现灰白的颜色，像灰尘一般

B. 干燥且光滑

C. 轻微油光且发亮

D. 有油光，光滑发腻，或者我根本就不用保湿产品

选 A 得 1 分，B 得 2 分，C 得 3 分，D 得 4 分，E 得 2.5 分。

你的得分：＿＿＿＿＿＿＿＿。

分数越低越干燥，越高则越油腻，14 分左右基本上可以认为是比较理想的中性（N 型）皮肤。

☞ 19 < 得分 ≤ 24，为 O^+ 型皮肤，即重度油性皮肤。

☞ 15 < 得分 ≤ 19，为 O 型皮肤，即轻度油性皮肤。

☞ 12 < 得分 ≤ 15，为 N 型皮肤，即中性皮肤。

☞ 10 ≤ 得分 ≤ 12，为 D 型皮肤，即轻度干性皮肤。

☞ 6 ≤ 得分 < 10，为 D^+ 型皮肤，即重度干性皮肤。

如果你的 T 区呈油性，U 区呈干性或中性，则是混合性皮肤。

4. 仪器检测法

现在市场上有很多专业的皮肤检测仪器（图 3-5），可以对皮肤的多项指标进行检测，并生成皮肤检测报告。其操作原理是依靠先进的图像分析系统，利用扫描仪和传感器，对皮肤水分、皮脂、毛孔、皱纹、色素沉着等多个指标进行测量分析，将皮肤的状况准确地反馈出来。有些仪器还能基于庞大的数据库，与同龄、同性别、同皮肤类型的人群进行对比。我们可以通过仪器所测量的皮肤水分、皮脂这两个指标帮助我们判断皮肤类型。

随着 AI 智能的发展，商家为了满足市场需求，还开发了许多好玩又有趣的皮肤检测 app，但其技术成熟度以及测试准确度有待验证。

图 3 - 5　皮肤检测仪

中性皮肤护理

中性皮肤（图3-6）又称正常皮肤、普通皮肤，是大多数人追求的理想皮肤类型。中性皮肤多见于青春期前的少女，她们的皮肤表面光滑细腻、红润透亮、毛孔细小且富有弹性。

如果你是中性皮肤，面对紫外线照射你会比其他皮肤类型更为耐受，对外界刺激也不太敏感，四季交替造成的温度、湿度等环境变化也能轻而易举地适应，很少会出现化妆后脱妆的情况，建议你不要为了追求更加完美的皮肤而过度折腾。

图3-6 中性皮肤

虽然中性皮肤有上述这么多的优点，但是也不要有"我的皮肤状态既然已经这么好了，那我就随便护理一下吧"这种懒于护理的想法。因为皮肤的状态受护理方式及各种环境的影响，随时可能发生变化。若不认真做好清洁、保湿和防晒，皮肤未正常脱落的角质层会混合外界尘埃等污染物堆积在脸上，使角质层逐步变厚，皮肤也会变得粗糙、暗淡，无法有效吸收来自护肤品的营养成分，紫外线也能轻而易举地伤害你毫无保护的皮肤。

受到年龄增长、皮肤疾病及外界不利环境等因素的影响，中性皮肤也很可能在不知不觉间转变为干性皮肤、油性皮肤或者混合性皮肤，甚至会因皮肤屏障功能被破坏而变为敏感性皮肤。气候、地域、季节等因素也会对皮肤产生影响，从而使中性皮肤的状态发生转变。

皮肤状态受到多种因素的影响，因此，中性皮肤的日常护理并非一成不变，而需要根据季节及主要因素的变化，做出一定的调整。表3-1根据季节的变化，对一般情况下中性皮肤的护理给出了相关建议。

表3-1 中性皮肤日常护理指南

季节	护肤时间	护肤内容与步骤	护肤禁忌
春夏季 （减少油脂）	早上	☞　使用弱碱性洁面凝胶或洁面乳洗脸； ☞　使用化妆水或精华（可选项）； ☞　使用保湿露或保湿乳； ☞　使用防晒乳	忌过度清洁，如使用碱性肥皂洁面、频繁去角质等；忌使用香精、酒精含量多的，具有刺激性的护肤品
春夏季 （减少油脂）	晚上	☞　使用弱碱性洁面凝胶或洁面乳洗脸； ☞　每月使用去角质膏去除角质1次； ☞　使用保湿露或保湿乳； ☞　每周使用面膜1次	忌过度清洁，如使用碱性肥皂洁面、频繁去角质等；忌使用香精、酒精含量多的，具有刺激性的护肤品
秋冬季 （滋润保湿）	早上	☞　使用保湿洁面乳洗脸； ☞　使用化妆水或精华（可选项）； ☞　使用保湿霜； ☞　使用防晒霜	忌过度清洁，如使用碱性肥皂洁面、频繁去角质等；忌使用香精、酒精含量多的，具有刺激性的护肤品
秋冬季 （滋润保湿）	晚上	☞　使用保湿洁面乳洗脸； ☞　每月使用去角质膏去除角质1次； ☞　使用保湿霜； ☞　每周使用面膜2～3次	忌过度清洁，如使用碱性肥皂洁面、频繁去角质等；忌使用香精、酒精含量多的，具有刺激性的护肤品

1. 中性皮肤的清洁护理——轻盈温和

中性皮肤既不油腻也不干燥，是一种理想的皮肤状态，其清洁护理较为简单。一般来说，一款质地轻盈、性质温和的洁面产品即可满足使用需求。随着季节与气候的变化，还可以根据皮肤状态进行更有针对性的产品选择：春夏季，皮肤偏油时可以选择弱碱性的洁面凝胶或洁面乳，早、晚各清洁 1 次，它能够帮助去除面部多余的油脂，同时不会对皮肤产生刺激；秋冬季，皮肤偏干时可选择对皮肤有保湿、滋润作用的洁面乳，同样需早、晚各清洁 1 次。

中性皮肤应该远离清洁力强的碱性肥皂，因为该类皮肤本身呈弱酸性，碱性肥皂会破坏中性皮肤自身的酸碱平衡。遇到这种情况，就需要及时进行保湿护理，补充皮肤中被带走的脂质，使 pH 恢复至弱酸性，否则外界有害微生物很容易侵入，水分也很容易蒸发，长此以往，皮肤屏障就会受到损害。中性皮肤进行清洁时的最佳水温为 30～36 ℃，这样既不会刺激皮肤，也能使毛孔处于自然舒张的状态，有助于洗净。每次洁面时间控制在 1～3 分钟即可。

中性皮肤在做好日常清洁的同时，还需要定期去角质，但频率不可太高。一般可以每月进行 1 次去角质护理，并根据季节与皮肤状态适当延长或缩短去角质周期。可以选择去角质膏，在日常洁面后进行去角质，要求手法轻柔，将重点放在 T 区，并且注意避开眼周，最好使用力度较小的中指或无名指以指腹轻搓。去角质的时间不宜过长，控制在 1 分钟左右。

近年来，含果酸或水杨酸成分的去角质产品逐渐在市场上走红，该类产品不仅可以去除皮肤多余的角质，还可以美白、淡斑、抗衰老，能够有效改善皮肤的状态。

2. 中性皮肤的保湿护理——维持湿润

中性皮肤凭借自身较为充足的水分含量、完整的皮肤屏障功能，基本能够维持较为湿润的状态。但是皮肤的状态是会随时间变化的，中性皮肤也需要进行基本的保湿护理，其意义就在于维持皮肤湿润的状态，以避免皮肤出现问题。

春夏季时，一般可选择较为清爽的乳、露类润肤产品，秋冬季则可选择保湿和滋润度较好的霜类润肤产品。如处在飞机舱、沙漠等干燥环境时，则需要使用质地更加滋润的保湿产品及（或）增加涂抹厚度来达到特殊的保湿需求。为使保湿护理有更好的效果，建议使用保湿产品前可使用化妆水、面膜等进行补水。

3. 中性皮肤的防晒护理——适度防晒、注重防衰

防晒对于所有类型的皮肤来说，都是非常重要的一课。这是因为，紫

外线（UVA、UVB）会将皮肤晒伤致使出现红斑、脱皮、灼痛感，将皮肤晒黑致使出现色素沉着，还会深入伤害真皮层，导致胶原蛋白和弹性蛋白受到损伤，使皮肤角质层异常增厚，皮肤的弹性、水分和光泽变差，加速皮肤老化。

作为最理想的一种皮肤类型，中性皮肤既不干燥也不油腻，汗腺、皮脂腺排泄畅通，对日晒有一定的耐受性，不容易被晒伤、晒黑。如果晒伤、晒黑的程度较轻，一般能较快恢复。因此，中性皮肤做到适度防晒即可，其更重要的意义在于通过防晒护理，避免长期暴露于日晒下所导致的加速衰老问题。

由于中性皮肤的水分、油脂均适中，对防晒产品的质地要求并不高，可优先考虑与你的皮肤贴合度较好的防晒乳（春夏季使用）和防晒霜（秋冬季使用）。选择防晒产品另一个重要的考虑因素是使用场景，室内或室外、阴天与晴天等不同场景对防晒系数有不同的要求。表 3 - 2 给出一些常见使用场景下如何选择防晒产品的参考意见。

表 3 - 2 防晒产品的选择参考

SPF 值	PA 值	使用场景
10 ～ 15	+	室内
15 ～ 25	+ ～ + +	室外阴天或树荫下
25 ～ 30	+ + ～ + + +	室外阳光下
50	+ + + +	海滩、雪山、高原

防晒产品的使用也有所讲究。无论是使用频率、使用时间还是使用量，都会影响到实际的防晒效果。一般建议每天都应该涂抹防晒产品，因为无论室内还是室外、晴天或是阴天，都存在不同强度的紫外线，或多或少会对皮肤造成伤害。当需要外出时，防晒产品应该在什么时候使用呢？以防晒霜为例，正确的做法是先清洁皮肤，并在出门前 15 分钟开始涂抹，以便于皮肤充分吸收；其面部的一次使用量约为一枚一元硬币（直径2.5 cm）大小。涂抹防晒产品时需要兼顾身体暴露于紫外线的部位（如脖颈部、手和脚等）。由于流汗、衣物频繁摩擦的缘故，会逐渐削弱产品的防晒效果，因此每隔 2 ～ 3 小时应进行补涂。不流汗或少流汗时，则补涂时间可适当延长。

值得注意的是，防晒并不能只依靠防晒产品，最好的防晒也许就是不要被晒到。根据联合国 WHO 的建议，防晒需要遵循"ABC"原则。

A：avoid，即避免日晒。避免接触阳光，尽量待在室内、阴凉处。

B：block，即遮挡，防止被晒到。万不得已出门时，优先考虑防晒衣、防晒伞、防晒帽和墨镜等硬防晒方式。

C：cream，即防晒产品，在 A、B 不能满足防晒需求时，采用 C 补足。通过涂抹防晒产品防止紫外线伤害的方式，被称为软防晒。

以上防晒方式、不同场景防晒系数的选择及防晒产品的使用，不仅适用于中性皮肤，也同样适用于其他皮肤类型。

美　肤　说

你真的会洗脸吗？

　　洗脸是每天必须要做的事情。虽然洗脸人人都会，但是科学的洗脸方式未必每个人都知晓。科学洗脸，你真的会吗？下面给大家介绍科学洗脸的六个步骤（图3-7）。

　　☞　用25～38 ℃的温水将双手打湿（皮肤类型不同，适合的水温也略有差异）。

　　☞　取适量的洗面奶，在手掌搓揉成泡沫状。

　　☞　从容易分泌油脂的T区开始，将洗面奶均匀地抹在整个面部。

　　☞　轻柔地由内向外呈圆弧状以打圈的方式进行清洗，注意力度不要太大，以免牵拉皮肤产生细小皱纹。

　　☞　1分钟后，用温水将洗面奶完全洗净，用干净柔软的毛巾擦干多余水分。

　　☞　趁脸部略潮湿时涂上化妆水。

打湿双手

双手揉搓出洗面奶泡沫

从T区开始，将洗面奶均匀地抹在整个面部

轻柔地由内向外呈圆弧状以打圈的方式进行清洗

洗净洗面奶

涂上化妆水

图3-7　洁面六步

干性皮肤护理

　　干性皮肤（图3-8）的角质层含水量和皮脂分泌量都很低，常常表现为皮肤干燥、脱屑，易受刺激，变得敏感。干性皮肤通常有如下几项或全部表现。

　　A. 皮肤干燥、脱皮、瘙痒，或有灰色鳞屑，嘴唇时常感觉干燥。

　　B. 进入冬季或者北方干燥地区，皮肤干燥紧绷感更加明显。

　　C. 遇有明显的冷热变化、剧烈风吹或某种护肤品成分刺激时，会出现面部潮红，并感到瘙痒、灼痛。

　　D. 进行保湿护理后，短时间内就会有紧绷感。

　　E. 化妆后易卡粉、浮粉。

　　F. 易老化，出现皱纹与色斑。

　　干性皮肤的形成原因较为复杂，有内源性和外源性两个方面的因素。内源性因素包括先天性皮脂腺分泌力弱、后天性皮脂腺和汗腺分泌能力衰退、维生素A缺乏、偏食少脂肪饮食、肾上腺皮质激素分泌减少、皮肤血循环差、营养不良及过度疲劳等因素。外源性因素有烈日暴晒、寒风吹袭、错用或滥用化妆品及洗浴过度等。其中，外源性因素主要通过破坏皮肤屏障功能，从而对皮肤产生影响。

图3-8　干性皮肤

　　由于干性皮肤的油脂分泌少，不易生痤疮，毛孔不明显，看起来一定程度上显得干净、细腻。干性皮肤的日常护理重点为：一是要特别注重保湿，二是要避免紫外线伤害。保湿能有效改善皮肤的干燥状况，使皮肤外观显得滋润饱满，并提升皮肤屏障功能，使皮肤呈现良好的状态。表3–3就通常情况下干性皮肤的护理给出了相关建议。

表3–3　干性皮肤日常护理指南

季节	护肤时间	护肤内容与步骤	护肤禁忌
全年（滋润保湿）	早上	☞　使用温和的洁面乳洗脸； ☞　使用化妆水及精华； ☞　使用保湿霜； ☞　使用防晒霜	忌强力清洁，如使用清洁力强的洁面产品、经常去角质、使用洁面仪器等；忌过度补水，如每天敷面膜、敷面膜时间超过20分钟等；忌使用刺激性产品，如添加了酒精、香精等刺激性成分的产品；忌忽略防晒
	晚上	☞　使用温和的洁面乳洗脸； ☞　每1～2个月使用去角质产品1次； ☞　使用化妆水及精华； ☞　每周使用保湿面膜1～2次； ☞　使用保湿霜	

1. 干性皮肤的清洁护理——避免刺激，谨慎去角质

干性皮肤比较脆弱，哪怕只是选用一款错误的洁面产品，也可能会加重皮肤的不适症状。部分洁面产品含清洁力度很强的表面活性剂，在清除皮肤油脂的同时，一定程度也会损害皮肤的角质层结构，造成皮肤敏感和干燥。所以，对于干性皮肤的护理要慎重，应尽量选择成分温和、无刺激或者刺激性小的产品。

对于干性皮肤，较为温和的洁面乳更适合，如氨基酸类的洁面乳。它们能帮助锁住水分，修复皮肤。洁面时，水温一般控制在 25 ～30 ℃ 最佳。使用洁面乳洁面的频率应根据季节略有不同，建议夏天空气较为湿润时每天洁面 1 次，其他季节每 2 天进行 1 次洁面就能满足需求。在不使用洁面产品时，用适宜温度的清水轻轻冲洗面部，切忌大力揉搓。

对于干性皮肤，去角质类产品的使用要特别慎重，但这并不意味着干

性皮肤完全不需要去角质。角质层细胞死亡后，如果长期附着、堆积于干性皮肤表面，将会阻碍皮肤对产品有效成分的吸收。去角质时，应避免使用传统的粗糙磨砂膏、磨皮膏等，可以考虑配方精良、性能温和的含果酸或水杨酸的去角质产品。需要特别注意，即使是相对温和的含低浓度果酸或水杨酸的产品，为安全起见也不要过度使用，一般频率为 1～2 月进行1 次去角质护理即可，以避免因频繁去角质使皮肤变得更加敏感。

2. 干性皮肤的保湿护理——充分补水保湿

干性皮肤水分少、油脂少，其内在的水分供给与保湿力不足，因此需要特别重视外在的补水与保湿护理，以帮助皮肤补充并锁住水分，使皮肤屏障功能得到适当修复。

补水是保湿的前奏。对于干性皮肤，首先需要给角质层补充充足的水分，然后才能使乳、霜、保湿精华等产品"有用武之地"。在补水护理的基础上，乳、霜等保湿产品会在水润的皮肤表面形成一层油水混合膜，锁住皮肤水分以防止水分流失。不含酒精的化妆品对干性皮肤较为友好，适合日常补水使用。如果前往低湿度环境（如冬季干燥地区或飞机舱中），建议随身携带一支面部喷雾，它能随时随地缓解干性皮肤的干燥紧绷状态，起到"救旱"作用。

干性皮肤需要进行充分的保湿。一般推荐使用含有一定油分的乳液或面霜，它们能够帮助润泽皮肤、锁住表皮水分，并且能够预防炎症、有效修复皮肤屏障。对于轻度的干性皮肤或处于湿度较高的环境时，可以使用一些较轻薄的保湿乳液；对于重度的干性皮肤或处于空气干燥的环境时，可重点考虑膏霜类保湿产品，或者乳液与膏霜类保湿产品结合使用。

保湿产品一般富含抗氧化剂、保湿剂，部分还含有抗炎和修复皮肤屏障功能的成分，如果每日早晚涂抹时辅以较柔和的按摩，则能促进相关成分被皮肤吸收，达到持续保湿的效果。一般白天可选择有防晒功能的保湿日霜，与防晒霜、防晒粉底结合使用时，能最大限度地确保皮肤获得足够的防晒保护。晚上可使用滋润修复类的晚霜，其质地要更加厚重一些，需要厚实地涂抹于整个面部（干燥的秋冬季节，需要相应地加厚涂抹）。需要注意的是，干性皮肤应注意避免选用香味很重、含精油成分的保湿产品，以防皮肤出现敏感症状。

干性皮肤人群还可以一周敷 1～2 次保湿面膜加强保湿效果。对于皮肤发红、存在敏感倾向的或已经成为敏感皮肤的，可以使用舒缓精华素，配合每周 1～2 次的含舒缓成分的面膜进行保湿护理，可有效缓解面部潮红。另外，干性皮肤容易出现色斑、细纹等问题，因此在皮肤的保湿状态良好时可选择带有美白、抗皱成分的保湿产品。

3. 干性皮肤的防晒护理——软硬兼施，全面防晒

干性皮肤干燥、缺少光泽，对外界刺激耐受性差，受到外界风吹日晒等刺激时，容易潮红、灼痛，导致加速老化和出现皱纹，是比较脆弱的一种皮肤类型。因此，其防晒护理需要软硬兼施，做到全面防晒，以避免紫外线照射引起的晒伤、晒黑及晒老。

软防晒指的是通过使用防晒产品来防止紫外线伤害的方式，硬防晒则是指通过伞、帽子、墨镜、衣物等硬件来遮挡紫外线的防晒方式。干性皮肤可选择兼具防护 UVA 与 UVB、低刺激性的防晒乳（适用于轻度的干性皮肤）或防晒霜（适用于重度的干性皮肤）。具体使用时，应涂抹于面部及其他暴露在外的皮肤（如颈部、手和脚等处），以使皮肤得到全面呵护。

对于防晒产品的具体使用方式，可参考本章"中性皮肤护理"中关于防晒的相关内容。

美 肤 说

不得不知的七条干性皮肤保养忠告

　　干性皮肤人群常年忍受着干燥、紧绷甚至敏感所带来的折磨，他们也许尝试了很多种方法进行改善，但收效甚微。下面介绍七条干性皮肤的保养忠告，照此执行，定可轻松摆脱困扰。

　　☞　不建议经常化妆或化浓妆。频繁卸妆将对皮肤造成刺激。

　　☞　不建议经常去角质。避免使用质地粗糙的磨砂膏、磨皮膏等去角质产品。

　　☞　不建议使用洁面仪器。除家用洁面仪外，美容院的深层清洁项目也尽量少做。

　　☞　不要用温度过高的水洗脸。温水洗脸对干性皮肤来说是最好的。

　　☞　尽量使用更适合与安心的保湿产品。

　　☞　少使用"功效产品"。对于皮肤来说，一些"功效性"的化学成分，对皮肤的刺激性也会加大。

　　☞　时刻做好防晒措施，避免紫外线伤害。

第三章　皮肤的基础护理

油性皮肤护理

油性皮肤（图 3 - 9）最常见于一些体内雄性激素水平高的人群，如青春期至 25 岁左右的青年人、中年人及肥胖者。油性皮肤最主要的特征是油脂多，皮脂腺分泌旺盛，面部看上去油光发亮、毛孔粗大（有些如针头般粗大），肤色较为暗沉。油性皮肤通常有如下几项或全部表现。

A. 晨起时照镜子，发现满面油光。

B. 毛孔粗大，一般伴随有黑头。

C. 拍摄照片时，面部总是显得格外有光泽。

D. 涂抹防晒霜皮肤有油腻感，面部油光更甚。

E. 化妆后易脱妆，容易出现条形纹路。

F. 有痤疮经历，容易产生痤疮。

油性皮肤形成的主要原因有：先天性皮脂腺活动亢进、雄性激素分泌过多、嗜食多脂食物和香浓刺激性调味品，以及 B 族维生素缺乏等。此外，炎热的天气也会促使皮肤油脂分泌旺盛，护理时需加强清洁，防止诱发感染。青春期阶段，由于皮脂腺活动较强，很多人会发展为油性皮肤，会加大患上痤疮、脂溢性皮炎和酒糟鼻等皮肤病的概率，尤其需要加以重视和科学护理。

相对于干性皮肤，油性皮肤的护理较为简单，其重点在于为皮肤做好疏通毛孔、抑制油脂分泌的"减负"工作（表 3 - 4）。油性皮肤自身分泌大量油脂，相当于 24 小时都在自动地为

图 3 - 9　油性皮肤

皮肤涂抹天然保养品，因此，不需要过度使用保湿滋润的产品。在做好适度控油的同时，只要稳定地维持完整的角质层屏障结构，以抵抗日晒、环境污染等不良刺激，油性皮肤就能轻易跑赢时间。等到五六十岁时，油性皮肤人群就会惊喜地发现，相对于其他类型皮肤的人群，你会显得更加年轻。

表 3 - 4　油性皮肤日常护理指南

季度	护肤时间	护肤内容与步骤	护肤禁忌
全年 （减少油脂）	早上	☞　使用泡沫型弱碱性洁面凝胶或洁面乳； ☞　使用控油收敛型化妆水； ☞　使用保湿精华或凝胶（可选项）； ☞　使用防晒露或防晒凝胶	忌过度控油，如频繁使用清洁力强的碱性肥皂、每天洁面 3 次以上、过度依赖吸油纸等；忌使用厚重滋润的保湿产品；忌冷热水交替洗脸
	晚上	☞　使用泡沫型弱碱性洁面凝胶或洁面乳； ☞　每月使用 1 ～ 2 次磨砂膏或含有水杨酸成分的去角质产品； ☞　使用控油收敛型化妆水； ☞　每周使用控油补水面膜 2 ～ 3 次； ☞　使用保湿精华或凝胶（可选项）	

1. 油性皮肤的清洁护理——预防痤疮、适度控油

对油性皮肤而言，清洁是一门必修的功课。虽然油性皮肤的油脂分泌旺盛，而分泌的油脂被誉为皮肤天然的保养品，但也会吸附环境中更多的污染物，为喜好油脂的微生物提供了适宜的寄生环境，成为健康皮肤的"绊脚石"。因此，油性皮肤需要注意加强皮肤的清洁，以抑制油脂分泌、预防毛孔粗大和出现粉刺。

清洁对于油性皮肤来说非常重要，油性皮肤人群也普遍喜欢清洁，但凡事走向极端，就适得其反了。如果清洁过度，就会破坏皮肤的屏障功能，致使出现红肿、瘙痒等皮肤敏感状况。究竟该如何选择清洁产品，做

好油性皮肤的面部清洁护理呢？

油性皮肤的油脂分泌旺盛、容易附着外界污染物，一般推荐选用清洁力较强的泡沫型弱碱性洁面凝胶或洁面乳，它们具有良好的起泡力，能有效去除面部的油脂和毛孔内的污垢。洁面的水温需略高于人体体温，以36~38 ℃ 为宜，以利于毛孔扩张，便于清除深层污垢。夏天时，皮肤油脂分泌旺盛，每天可早、中、晚各洁面 1 次，秋冬季则可每天早、晚各洁面 1 次。清洁时，应重点关注额头、鼻翼、下巴等出油比较旺盛的部位，适当延长面部 T 区部位的护理时间。

在油性皮肤的清洁护理中，去角质是最为重要的护肤步骤。在使用含磨砂颗粒的磨砂膏时，可以通过表面的物理摩擦进行去角质，使面部显得干净不油腻。但磨砂膏也有一定的缺陷，因其质地较为粗糙、坚硬，可能会在摩擦过程中给皮肤带来伤害。磨砂膏一般作用在皮肤的表层，难以触及皮肤深层进行清洁，因此，适合未发生敏感和痤疮的油性皮肤使用。如果选用含水杨酸的化学去角质产品，在去掉皮肤表面堆积的死皮的同时，还能深入毛孔内部清理老化的角质，改善毛孔功能；另外，该类产品还具有抗炎功效，能减轻刺激、舒缓毛孔、有效减缓皮脂分泌。

美 肤 说

这些过度清洁的行为你中了几个

　　如果你是油性皮肤，每天的"油光满面"并不会让你显得更加"光环加身"，无论是晨起、午后，还是傍晚或睡前，大量分泌的油脂所带来的油腻感和邋遢感，都会让你深恶痛绝，欲除之而后快，于是你开始付诸实际行动。经过一番周折，一段时间后发现，虽然面部不再油光满面，但是皮肤出现脱皮、红痒等状况，甚至伴有疼痛感。这就是过度清洁所导致的皮肤屏障被破坏。那么，以下这些过度清洁的行为，哪些是你正在做的呢？

　　☞　长期选用清洁强度非常大的去角质与洁面产品。

　　☞　清洁频率太高，进行每周 2 次及以上去角质，每天 3 次以上洁面。

　　☞　清洁时间过长，每次超过 2 分钟。

　　☞　清洁力度大，清洁手法粗暴。

　　2. 油性皮肤的保湿护理——轻透保湿、平衡水油

　　尽管油性皮肤自身能分泌很多油脂，堪称一种天然的保湿剂，但在清洁护理后，皮肤还是会不可避免地出现暂时性缺水。另外，因受到季节变化、气候干燥等外在因素影响，皮肤状况也会产生相应变化，如在夏季或南方高温、湿润环境下的油性皮肤，到了冬季或北方低温、干燥环境下则转变为中性皮肤、混合性皮肤或干性皮肤。因此，保湿护理对于油性皮肤来说也是必不可少的。

　　油性皮肤容易生长痤疮，并或多或少地存在毛孔粗大的困扰，建议在洁面之后、保湿之前，使用具有抗痘功效的收敛型化妆水进一步清洁皮肤。该类化妆水含有少量的酒精成分或金缕梅提取物等收敛成分，能使洁

面时张开的毛囊口收缩，防止污垢乘虚而入，帮助调节皮肤 pH，从而使面部皮肤保持干净清爽的状态，预防炎症的发生。

在自然状态下，清洁护理后角质层的水分进行自我补充需要数小时，可以使用含有收敛成分的控油补水面膜，在封闭条件下快速补充角质层含水量，并调节皮肤的水油平衡状态。一般每周可以使用 2～3 次。

油性皮肤适合轻薄透气的产品。质地轻透的含烟酰胺和（或）类视黄醇（如视黄醇、视黄醇丙酸酯）的凝胶、乳液或者精华等保湿产品，对油性皮肤十分亲和，既不含堵塞毛孔的厚重成分，还能减少皮肤表面油脂，推荐油性皮肤人群使用。除了选择具备足够的防止皮肤水分流失功能的保湿产品外，还可以选择含抗氧化剂等有利于维护皮肤健康功能的成分的保湿产品。膏霜类产品以及含有凡士林、矿物油、石蜡等的产品，其油脂含量较高，质地黏稠，透气性较差，会增加皮肤油腻感，有堵塞毛孔的风险，需要注意避免选用。

3. 油性皮肤的防晒护理——轻薄防晒、增强抗衰

油性皮肤的屏障功能较强，耐受性较高，防晒护理能帮其增强抗衰能力，延缓色斑、皱纹等老化现象的产生；若脸上长有痤疮，还能帮助减轻治疗后的色素沉着，减少脸部痘印的存留。

油性皮肤在紫外线下的油脂分泌更加旺盛，防晒产品的选择原则可以与保湿产品保持一致，推荐选择质地更为轻薄的防晒露或防晒凝胶，避免选择黏稠的霜状防晒产品。相对于中性皮肤和干性皮肤，油性皮肤具有更高的耐受性优势，可以选择防晒系数略低一些的防晒产品，适当帮助皮肤减轻负担，但仍需注意每隔 2～3 小时进行补涂。

防晒产品更为具体的使用方式可参考本章"中性皮肤护理"中关于防晒护理的相关内容。

美 肤 说

油性皮肤救星——吸油纸

吸油纸是油性皮肤广泛使用的临时救急"小助手",能帮助吸除皮肤表面的油脂,使皮肤看上去较为干净与清爽。但其种类繁多,不同的吸油纸也有不同的使用情形,故在挑选时需要仔细辨别。常见的吸油纸有以下四种。

☞ 金箔纸吸油纸。该产品拥有较强的吸油能力,还具有杀菌的作用,适用于大部分肤质。

☞ 粉质吸油纸。该产品具有细微的白色粉质,可将去油与补妆两种作用合二为一,比较适合有化妆习惯的女性使用。

☞ 麻质吸油纸。该产品吸油效果较好,质地较为粗糙,在使用时虽能有效地除去油脂,但也容易伤害到肌肤,不适合用于耐受性低的皮肤。

☞ 蓝膜吸油纸。该产品的纸质非常柔和、纤细、富有弹性,能在吸除油脂的同时较好地保留肌肤所需的水分,适用范围较广。

吸油纸对油性皮肤尽管有着立竿见影的效果,但对于"外油内干"的皮肤来说,油脂分泌是皮肤的一种代偿性补水行为,当你把油脂吸掉后,皮脂腺为了保护皮肤还会分泌更多油脂。因此,我们既要注意对肤质加以区分,也要对吸油纸进行合理的选择和使用。

第三章 皮肤的基础护理

混合性皮肤护理

相比中性、干性及油性几种基础皮肤类型来说，混合性皮肤（图 3 - 10）的人群数量更加庞大，约占总人数的 80%，且多见于 25 ~ 35 岁的人群。混合性皮肤面部有两种皮肤类型共存，即油性皮肤与中性皮肤的结合、油性皮肤与干性皮肤的结合，其一般表现为：前额、鼻翼、鼻唇沟、口及下巴的 T 区部位呈油性皮肤，油脂和水分偏多；脸颊两侧的 U 区部位呈中性皮肤或干性皮肤，水油适中或较为干燥。

造成混合性皮肤的原因错综复杂，除了压力、饮食、生活习惯、年龄、环境变化等因素外，还有先天性的遗传因素，有些人天生鼻子、下巴和前额等部位的皮脂腺比面部其他部位更活跃。另外，护肤品的不当使用也是一个很重要的原因，比如使用了含有刺激性的产品，会加速刺激 T 区皮脂腺的活动，分泌出更多油脂；呈中性皮肤和干性皮肤的 U 区部位会受 T 区护肤习惯的影响而变得更加干燥，甚至有出现红斑的可能。

鉴于上述特点，混合性皮肤在护理上比单一皮肤类型更为复杂，需要兼顾不同皮肤类型的特性，注意更多的护理细节，付出更多的耐心。要对混合性皮肤进行有针对性的护理，其基本思路就是分区分类、平衡适度，T 区部位按照油性皮肤护理方式护理，U 区部位按照干性或中性皮肤护理方式护理（具体根据 U 区皮肤状态而定），就像呵护与照顾两个性格迥异的孩子。同时，可以针对 T 区和 U 区皮肤的差异化需求选择不同的产品，或者在选择一种产

图 3 - 10 混合性皮肤

品时其功效性能应尽量兼顾面部不同区域的特性需求（表3-5）。

表3-5　混合性皮肤日常护理指南

护肤重点	护肤时间	护肤内容与步骤	护肤禁忌
T区控油、U区保湿	早上	☞　使用温和洁面乳； ☞　T区使用控油收敛型化妆水，U区不用或使用面部喷雾； ☞　T区使用温和轻薄的保湿乳，U区使用保湿霜或保湿乳霜； ☞　使用防晒乳	忌全脸采取一样的护肤方式；忌一成不变的护肤方式，应根据季节、环境、皮肤状态等变化调整护肤方式
	晚上	☞　使用温和洁面乳； ☞　T区每月使用1～2次去角质产品，U区1～2个月使用1次去角质产品； ☞　T区使用控油收敛型化妆水，U区不用或使用面部喷雾； ☞　T区使用温和轻薄的保湿乳，U区使用保湿霜或保湿乳霜	

1. 混合性皮肤的清洁护理——"重T轻U"

混合性皮肤综合了油性皮肤、中性皮肤或干性皮肤其中两种类型，大多呈现出T区油脂多、U区水油适中或较为干燥的皮肤状态。对于这种混合多种不同特性的皮肤状态，最理想的清洁方式是分区护理，即针对不同区域的皮肤类型选用具有不同功效的产品。但该方式的不足在于，护理流程较为烦琐、耗用时间较长、难以长久坚持。

为避免麻烦，很多人会倾向于只选用一支洁面产品。这种情形下，所选择的产品就必须功能适中，能兼顾T区和U区的不同特征。如果只按照T区油性皮肤特征选择洁面产品并用于整个面部，将会对U区的皮肤造成一定的伤害；而如果只按照 U 区中性皮肤或干性皮肤的特征选择产品并用于整个面部，则对 T 区皮肤的作用不明显。一般建议首选性能温和、不含刺激性成分的，能轻微起泡的洁面产品，它既对 T 区有足够的清洁力，又能温和地帮 U 区达到清洁的效果。面部皮肤的清洁护理可每日早、晚各做 1 次，水温以 25 ~38 ℃ 为宜，清洁区域侧重在 T 区，对于 U 区部位只需轻轻带过即可，不必特意涂抹和按摩。

对混合性皮肤而言，含水杨酸的去角质产品可以渗透到 T 区部位的毛孔内部油脂和角栓，也能去除堆积于 U 区皮肤表面的老化角质，不会令皮肤干燥或刺激皮肤，因此该类去角质产品已成为混合性皮肤的优选。如果采取分区去角质护理方式时，则在 U 区皮肤干燥部位使用含低浓度果酸的去角质产品，在 T 区油性部位使用含水杨酸的去角质产品，效果较为显著。混合性皮肤的去角质频率不建议太高，需根据 T 区油脂分泌情况而定，一般 1 个月 1 ~ 2 次即可，且侧重点应放在 T 区部位。

2. 混合性皮肤的保湿护理—— "轻 T 重 U"

混合性皮肤保湿护理的要点为：T 区轻保湿，U 区重保湿。"轻"是指产品的用量偏少、质地较清爽。对于 T 区出油较多的部位，可涂抹少量偏清爽的保湿凝胶、保湿乳液或精华液保湿产品；"重"是指产品用量偏多，质地较滋润。在 U 区干燥部位，可使用较为滋润的保湿霜，或先使用较为轻薄的、温和的保湿乳液，如果该部位仍感觉有点干燥，则可再多涂一层保湿霜。需要留意的是，保湿霜需避免涂抹在较容易出油的地方。

T 区部位油脂分泌旺盛，常常面临毛孔粗大、生长痤疮等问题，因此可只在 T 区使用适量的收敛型化妆水。如果 U 区为中性皮肤时，可不使用任何化妆水；如果为干性皮肤时，则可使用面部喷雾帮助皮肤补充水分。

3. 混合性皮肤的防晒护理—— "T、 U 兼顾"

防晒护理对于混合性皮肤来说，还有另外一种特别的意义：能避免混合性皮肤在紫外线作用下的状态两极分化。具体来说，防晒操作能够防止 T 区部位在紫外线作用下加速分泌油脂，避免皮肤更油腻；防止 U 区部位在阳光下水分的快速流失，以避免加重皮肤干燥程度。因此，防晒护理是防止混合性皮肤状态变差和变得更加复杂的重要有效手段。

　　混合性皮肤的防晒护理方式有两种：其一是延续分区护理的方式，即直接在 T 区使用防晒凝胶或防晒乳，U 区使用防晒乳或防晒霜，其好处是针对性强，但操作略为复杂，也会增加选购防晒产品的费用；其二是严格做好早晨的保湿护理，在 U 区部位使用精华液或保湿霜以增强该区皮肤的保湿力度，再将适合 T 区部位的防晒凝胶或防晒乳涂抹于全脸，这样能加强皮肤表面形成的油膜，防止产品对皮肤干燥处的潜在刺激，并维持产品原有的防晒功效。防晒产品的具体使用方式，可参考本章"中性皮肤护理"中防晒护理的相关内容。

　　基础皮肤类型的日常护理知识见表 3 - 6。

表 3 - 6 基础皮肤类型的日常护理知识

类别 细项		皮肤基础类别			
	内容	中性皮肤	干性皮肤	油性皮肤	混合性皮肤
特点	角质层水分	10% ~ 20%	<10%	<20%	兼有油性皮肤、中性皮肤或干性皮肤的特点，即面部T区（前额、鼻部、下颌部）为油性皮肤，U区（脸颊两侧）为中性皮肤或干性皮肤
	皮脂分泌量	适中	少	旺盛	
	pH	4.5 ~ 6.5	>6.5	<4.5	
	光泽度	光滑润泽	无光泽	有光泽	
	毛孔	细腻	细腻	粗大	
	皮肤颜色	均匀红润	晦暗	暗、无透明感	
	皮肤弹性	有弹性	无弹性	有弹性	
	健康状态	健康	易出现皱纹、色斑	易发生痤疮、毛囊炎	
基础知识	形成原因	先天遗传、护理得当，是最为理想的一种皮肤状态	内源性因素：饮食、情绪压力、激素及遗传因素等。外源性因素：烈日暴晒、寒风吹袭，错用或滥用化妆品以及清洁过度等	与先天性皮脂腺活动亢进、雄性激素分泌过多、嗜食多脂食物、香浓刺激性调味品，以及B族维生素的缺乏有关	内源性因素：遗传、压力、饮食、生活习惯、年龄等。外源性因素：护肤品使用不当、恶劣环境等

续上表

类别	细项	内容	皮肤基础类别			
			中性皮肤	干性皮肤	油性皮肤	混合性皮肤
日常护理要点	防晒	防晒	优先考虑温和的防晒乳（春夏季使用）和防晒霜（秋冬季使用）	选择温和的防晒乳或防晒霜，涂抹防晒前注意补水保湿	选择质地轻薄的防晒露或防晒凝胶	T区使用防晒凝胶或防晒乳，U区使用防晒霜或防晒霜，或先用精华液或保湿霜，再用防晒凝胶或防晒乳涂于全脸

防晒护理通用指南：

①不同场景下防晒系数选择：室内 SPF 10～15，PA＋；室外阴天或树荫下 SPF 15～25，PA＋＋；室外阳光下 SPF 25～30，PA＋＋～＋＋＋；海滩、雪山或高原 SPF 50，PA＋＋＋。②防晒产品使用：在出门前 15 分钟涂抹，面部一次需涂抹约 1 枚 1 元硬币（直径 2.5 cm）的量，并兼顾到颈部、手和脚等处；每隔 2～3 小时进行补涂，不流汗或少流汗时，补涂时间可适当延长；在条件允许的情况下，建议配合使用遮阳伞、帽子、防晒衣等

第四章

问题皮肤的护理

如果把面部皮肤比作一张白纸，那么中性、干性、油性、混合性皮肤等基础类型是白纸的基本材质，而敏感、痤疮、斑点、衰老等皮肤问题则是白纸上因各种原因而形成的皱褶或印迹。

在第三章介绍完皮肤的基础护理后，我们将在第四章重点介绍五种常见的问题皮肤（敏感性皮肤、痤疮性皮肤、色素性皮肤、衰老性皮肤及混合性皮肤）的相关知识、诊断方法及护理方式，让你面对问题皮肤时不再慌乱，能够从容应对、对症改善，使皮肤重新焕发健康风采。

1. 皮肤问题、问题皮肤与皮肤疾病

日常生活中，经常听到这样的说法："我的皮肤问题真的很严重啊""她们都说我是问题皮肤""得了皮肤病，今天不得不去医院看皮肤科医生"。皮肤问题、问题皮肤、皮肤疾病，这三个听起来都跟皮肤健康状态有关的概念很容易让人混淆，那么它们究竟有什么区别呢？

这三个概念其实大不相同（表4-1）。皮肤问题指的是皮肤上出现的偶发性小问题，如因熬夜突然长了几颗痤疮、偶然对某种花粉过敏，这种问题是非常态的和偶发性的，是属于皮肤总体健康状态下的细微局部性或暂时性的亚健康情形，短期内即可恢复。问题皮肤指的是容易出现各种皮肤问题或皮肤疾病的一种皮肤亚健康状态，需要通过较长时间、较系统的正确护理才能得以缓解、部分恢复或完全恢复，如敏感性皮肤等。皮肤疾病属于医学范畴，是皮肤的生理功能受到损害的一种后果，是发生在皮肤和皮肤附属器官的疾病的总称。皮肤疾病的种类繁多，多种内脏发生的疾病也可以在皮肤上有所表现，常见的有湿疹、皮炎、荨麻疹等。

表4-1　皮肤问题、问题皮肤与皮肤疾病的区别

名称	主体对象	皮肤健康状态	举例
皮肤问题	问题	健康皮肤下偶发的不健康状态	偶发长痘、花粉过敏
问题皮肤	皮肤	皮肤亚健康状态	痤疮性皮肤、敏感性皮肤
皮肤疾病	疾病	皮肤不健康状态	湿疹、荨麻疹、扁平疣

同时，皮肤问题、问题皮肤和皮肤疾病三者相互间又有着密切联系。当处于健康状态的皮肤出现个别性的偶发皮肤问题时，若该问题长期不消除并加重、扩大，则有可能演变成长期性的问题皮肤；而某些问题皮肤若因护理不当，或受到生理因素等影响，则可能使其情况加剧，演变为皮肤疾病，这时就必须寻求皮肤科医生的帮助，通过专业的医学手段进行治疗。因此，皮肤从健康状态到亚健康状态并演化为一种疾病，是一个由量变到质变的过程（图 4-1）。

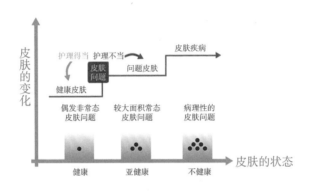

图 4-1　皮肤的状态示意

通过区分上述三者的概念，可以帮助我们在科学护肤的道路上少走弯路，做到对症护理、有的放矢。本章所要介绍的是问题皮肤的护理，具体包括敏感性皮肤、痤疮性皮肤、色素性皮肤、衰老性皮肤及复合性皮肤五类问题皮肤的改善型护理。对于皮肤疾病患者，请尽快咨询正规医院的皮肤科医生，以免耽误诊治。在本书的附录中有列出 15 种常见皮肤病，若想要了解更多的皮肤疾病可查阅附录。

2. 问题皮肤诊断与护理流程

要对问题皮肤进行具有针对性的改善型护理，其前提就是要准确认识和诊断皮肤所存在的具体问题、相应症状和成因。

问题皮肤的诊断与护理涉及知识面广、专业性强、改善周期长，除了需要诊断者具有扎实的理论基础和丰富的实践经验外，还需要遵循科学的流程和方法论（图 4-2）。本书编者基于丰富的问题皮肤护理咨询案例经验，总结出了一套科学、有效的问题皮肤诊断与护理流程，涵盖了问题皮肤诊断、改善方案制订、调养护理执行和改善效果评估四大环节，并且每个环节均有相应的方法和标准支撑，以确保诊断有效、方案有效、执行有效及改善有效。

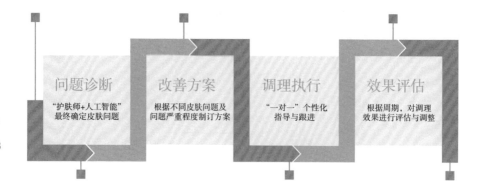

图4-2　问题皮肤诊断护理流程

（1）问题皮肤的诊断

问题皮肤属于皮肤的亚健康状态，进一步加剧则将发展为皮肤疾病，因此，对问题皮肤的诊断和护理改善，应该尽早进行，以有效防止皮肤问题的进一步恶化。对基础皮肤类型进行判断，一般只需要具备基本的皮肤学知识即可；而对问题皮肤的诊断相对来说更加专业和复杂，要求诊断者本身应具备系统的皮肤学知识、丰富的护肤实践经验及相应的医学知识。由于一些皮肤问题的症状是十分类似的（如皮肤过敏现象及敏感性皮肤），很容易混淆，这就要求诊断者具备严谨、理性的科学探索精神和细心、耐心的态度。

与中医"望闻问切"的综合诊断方式相类似，问题皮肤的诊断也是建立在全面收集信息、采用多种方法的基础上，再由专业的诊断者综合进行判断，给出诊断意见。问题皮肤的诊断流程如下。

A．观察被诊断者素颜状态下的皮肤外表，是否具有典型的症状并观察其严重程度。

B．询问被诊断者的皮肤感觉如何，是否具有典型的体表感觉。

C．询问以往的皮肤过敏史、疾病史及治疗情况等，以及最近的皮肤护理史（包括所使用的产品及使用方法、频率等）。

D. 综合上述信息（必要时应参考其他相关信息），分析问题皮肤的主要成因，确定被诊断者的问题皮肤类型及其严重程度。

随着科技发展，目前市场上也有一些可以对问题皮肤进行检测诊断的仪器，一般可以对色斑、皱纹、毛孔、敏感度、黑头、日光损伤等进行定量评估。有些皮肤检测仪器不仅可以检测出已经暴露在皮肤表面的问题，还能够通过定量分析将隐藏在皮肤基底层的问题进行直观呈现，为提前制订更具针对性的皮肤预防和改善方案提供了丰富的信息。

（2）制订具有针对性的改善型护理方案

要使问题皮肤得以显著改善或恢复至健康状态，必须要对症制订皮肤改善方案，也就是说改善方案必须要有明确的功效针对性。否则，非针对性功效的产品可能会使皮肤负担加重或受到进一步刺激，从而使问题皮肤的症状加剧。

改善型护理方案是以护肤产品的使用作为主要载体，以其他必要的支持性手段作为辅助，使皮肤的亚健康状态得以显著改善或完全修复的总体护肤解决方案。制订改善型护理方案的一般步骤如下。

A. 根据问题皮肤的诊断结果，确定改善型护理方案的思路。对于同时存在多种严重皮肤问题的复合性问题皮肤，则要谨慎地确定改善的先后顺序。

B. 划分改善阶段和所需时间周期。冰冻三尺，非一日之寒。问题皮肤的改善，非一朝一夕之功，需要长时间的坚持，才能收到逐步改善之效。

C. 进行具有功效针对性的产品搭配，明确产品的具体护理使用方法和相对应的支持性护理方法。

问题皮肤人群都有一个疑问：需要多长时间才能使皮肤问题得到明显改善呢？答案往往使她们失望。因为问题皮肤的改善周期一般较长，短则几个月，长则需要几年时间。很多人不能坚持到最后，与其说是对皮肤改善护理方案的效果失去信心，不如说是缺乏足够的耐心，最终不免留下"行百里者半九十"的遗憾。因此，当已经制订了科学的改善型护理方案，并且准备正式开始护理改善行动时，你要明白：这是一段漫长的变美旅途的开始，只有通过长期科学的护肤和时间的发酵，最终才能发生美丽的蜕变。

（3）改善型护理的执行

首次使用某款产品时，需要先进行皮肤的过敏测试。对于敏感性皮肤，其过敏测试需要更加严谨、审慎。只有确定对产品成分无过敏反应后，才能进入正式的使用阶段。过敏测试又被称为护理的前置程序。

进入正式的改善护理的执行阶段后，首先需要经历一段适应期（一般为1周至1个月），其主要的任务是学习各种产品的护理使用方法和支持性护理方法，并进一步观察皮肤的适应情况，是否出现明显不适或异常反应。适应期过后，产品没有不适反应或有初步成效，则可以进入改善护理的正常执行阶段。

（4）改善护理的效果评估与调整

改善护理过程中，除了皮肤改善者本人应随时观察改善效果外，还应由专业人士定期对皮肤改善状况进行效果评估，评估内容包括对比分析、问题成因针对性和改善有效性等，并由专业人士视改善效果给出相应的方案调整意见。

敏感性皮肤护理

当冰雪逐渐消融，人间万物开始复苏，放眼望去尽是充满生机的红花绿叶，到处绿意葱葱、繁花似锦，这意味着一年一度的春季来到了，此时正是欣赏美景的好时节。但是，有一类人群却饱受"花团锦簇"带来的痛苦：皮肤产生刺痛、瘙痒、红肿或脱屑等不适感。这类人群拥有较为明显的敏感性皮肤，稍遇冷热变化，尤其是季节变换时，就会产生较为明显的皮肤敏感症状。

据调查显示，亚洲女性的敏感性皮肤发生率为 40.0% ～ 55.98%，而我国女性约为 36.1%，相当于每 3 位女性中就有 1 位深受皮肤敏感问题的困扰。事实上，由于很多人对敏感性皮肤缺少正确的护肤知识，盲目开展护肤，一定程度上使敏感问题变得更为严重。下面，就敏感性皮肤及如何进行改善型护理做出详细介绍。

1. 敏感性皮肤定义与成因

（1）敏感性皮肤是一种不耐受的皮肤状态

敏感性皮肤又称不耐受皮肤、高反应性皮肤，常被称为"敏感肌"。有些人认为皮肤敏感应该划归为一种皮肤疾病，但这种观点的范畴太过宽泛，因为轻度的皮肤敏感并没有表现出皮肤的病理性变化和症状，因此，一般意义上只将较为严重的皮肤敏感症状归属于皮肤炎症性疾病。不同于皮肤过敏是由外部特定过敏原引起的，敏感性皮肤是由于皮肤屏障功能受损而使皮肤处于不耐受状态。当敏感性皮肤受到外界的物理、化学因素刺激，或内在精神等因素刺激时，客观上可以观察到皮肤出现干燥、红斑、鳞屑、丘疹或毛细血管扩张等症状；在主观上，可以明显感觉到皮肤瘙痒、刺痛、灼热和紧绷等（图4-3）。

| 瘙痒 | 刺痛 | 灼热 | 紧绷 |

| 干燥 | 红斑 | 鳞屑 | 红血丝 |

图4-3　敏感性皮肤的表现

　　一般而言，在没有受到刺激的情况下，敏感性皮肤看起来跟健康的皮肤无异，甚至还因其角质层薄透、肤色红润而给人一种特别的美感。但是，平静如水的表面下，却暗流涌动，一旦受到刺激，其敏感症状便会显现；如果应对不合理，则敏感症状会进一步加剧，使后期的改善护理变得更为复杂，也增添了护理难度。

皮肤敏感 VS 皮肤过敏

　　经常听到身边有人抱怨："好烦啊，我的皮肤过敏了，又红又痒，什么护肤品都不能用。"或者有人说："最近我的皮肤有些过敏，用了护肤品反而更加严重，吃抗过敏药都没有用。"碰到的这些情况，其实大多数不是皮肤过敏，而是属于皮肤屏障功能受损导致的敏感性皮肤。如果使用某种护肤品有刺激感，就要考虑自身的皮肤屏障功能是否受损而处于敏感状态。

皮肤的敏感是一种直接的神经感受反应，即在受到刺激时产生的刺痛、灼热等现象。皮肤敏感的产生基础是皮肤屏障受到破坏，耐受性变差，从而对外界的各种非特异性的刺激（如冷热、揉搓、酸碱等）产生的即时性反应。当皮肤屏障功能严重受损，其敏感症状将会加剧，发展为一种炎症性的皮肤疾病。

皮肤过敏是一种机体的免疫反应，是皮肤免疫系统对某种特定成分（过敏原）的一种不正常的反应，当过敏原接触到过敏体质的人群就会发生过敏现象。过敏反应是针对特定物质或成分的，与一个人的遗传特质相关。日常生活中，可造成过敏的过敏原有很多（如花粉、粉尘、异体蛋白等），而不同个体的过敏物质也不一样。比如，某个人对春天盛开的油菜花过敏，只要一靠近油菜花，皮肤就会立即出现红点、瘙痒等症状；但是如果不接触油菜花，则不会出现过敏症状，其皮肤表现为正常的健康状态。皮肤过敏又分迟发型过敏反应和速发型过敏反应，迟发型过敏反应一般接触过敏原 72 小时之后才逐渐出现症状，主要表现为在皮肤上出现急性皮炎；速发型过敏反应一般接触过敏原后几分钟到数小时内就可出现症状，主要表现为荨麻疹，同时可能伴有打喷嚏、大量流鼻涕、流眼泪、腹痛和腹泻等情况。一般来说，皮肤过敏是难以改变的，只能避免接触，防止再次发生。当发生过敏反应时，需要立即停止和避免接触致敏物质，并及时就医，在专业医生的帮助下找出过敏原。

皮肤敏感和皮肤过敏非常容易混淆，表 4-2 列出皮肤敏感与皮肤过敏的主要区别。

表 4-2　皮肤敏感与皮肤过敏的区别

类别	反应类型	原因	引发物质	护理重点
皮肤敏感	是一种神经感受反应，是一种皮肤状态	接触刺激物或皮肤屏障受损	各种刺激物	避免刺激物，重点在于修复皮肤屏障功能
皮肤过敏	是一种机体免疫反应，是一种皮肤疾病	主要是遗传因素	特定物质	找出并避免过敏原，须就医治疗

敏感性皮肤一般较多地存在于干性皮肤中，因为干性皮肤的角质层很薄，皮肤的防卫机能降低，对外界的各种刺激耐受性差，更易受到刺激。干性皮肤就像一张薄纸，摩擦会撕破它，浇水容易渗透它，很容易受到外界物质侵入的影响。当干性皮肤演变为干燥性的敏感皮肤，则会有明显的干燥、粗糙或紧绷感，使用护肤品会产生轻微的刺痛与瘙痒感，严重时还会红肿。

油性皮肤也有可能变得敏感。油性皮肤因为分泌油脂过多，常使人有过度清洁的倾向，或者在控油祛痘类药物成分刺激下，很容易破坏皮肤的屏障功能而使皮肤产生问题。由皮肤屏障受损、保水能力削弱引起的缺水会使面部变得紧绷干燥或有脱皮现象，从而可能使皮肤变得外油内干，而严重的则转变为油性敏感皮肤。油性敏感皮肤容易有痤疮或炎症产生。

干燥性敏感皮肤和油性敏感皮肤的症状虽然有所不同，但其本质均为皮肤屏障功能被破坏而导致的。由此看来，无论是干性皮肤、油性皮肤、中性皮肤还是混合性皮肤，只要皮肤屏障受到破坏而导致其防卫功能弱化或严重受损，就会转变成令人头痛的敏感性皮肤。遗憾的是，每时每刻都会有一些护肤"小白"通过不正确的护肤方式，在不经意间破坏了那道天然而脆弱的皮肤屏障，而使自己成为敏感性皮肤大军中的一员。

（2）皮肤敏感最主要的原因是皮肤屏障受损

在皮肤的众多功能中，其屏障功能是最基础的，也是至关重要的。皮肤屏障功能是由表层皮脂膜和角质层共同组成的，一方面可以有效防止外界有害或不必要物质入侵皮肤，另一方面可防止体内水分和营养物质的丢失，保持皮肤具有光滑滋润的外观。

皮肤敏感最主要的原因是皮肤屏障受损（图4-4）。当皮肤的屏障功能遭到破坏，失去有效的物理屏障，皮肤内部的水分和营养物质会加快流失，使皮肤变得干燥、脱屑；此外，失去有效屏障的皮肤将直接裸露于"枪林弹雨"的危险之中，容易受到外界温度变化、日光暴晒、机械摩擦、化妆品、精神压力等刺激，使皮肤变得敏感，从而受到进一步的侵害或损害。在皮肤敏感的状态下，皮肤粗糙、肤色暗沉、斑点增多、细纹等一系列皮肤问题也将"不请自来"。

除了小部分人群的敏感性皮肤是遗传因素所致，绝大部分敏感性皮肤是由后天不良的护肤习惯所致。试着回顾一下从小到大的皮肤演变状况，就会对敏感性皮肤形成更清晰的认知：在小学和初中时，身边小伙伴们的

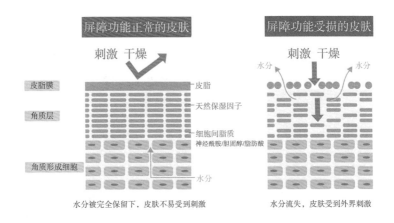

图4-4　皮肤屏障正常与受损状态对比

皮肤状态一般都是健康的，几乎没有敏感性皮肤；到高中时，很多人开始使用洁面产品，有一部分人群开始出现面部泛红或干燥紧绷；而到大学时期或毕业出来工作后，身边伙伴们的皮肤状态有所差异，其中敏感性皮肤的人员数量明显增多。造成这种现象的原因是，很多女生进入大学或参加社会工作后开始较高频率地使用护肤品和彩妆品，而由于其缺乏系统、科学的护肤知识，错误地选择和使用护肤品或彩妆品，给皮肤带来了伤害。

日常不良的护肤习惯是造成皮肤屏障受损的重要元凶，常见的不良护肤习惯有以下三种。

A. 过度清洁。适度清洁可以强健皮肤屏障功能，一旦过度清洁，就会因破坏皮脂膜和角质层而使皮肤屏障功能受损或被削弱。常见的过度清洁行为有：长期频繁使用清洁力度过强的去角质和洁面产品（一般来说每周去角质2次以上、每天洁面3次以上属于比较频繁的）；进行不必要的卸妆行为；过度频繁使用化妆水与化妆棉给皮肤进行二次清洁；每天使用洁面仪；清洁力度大，清洁手法粗暴。

B. 过度敷面膜。过度使用高含水量的面膜，会使皮肤因过度补水而组织松散，削弱皮肤屏障功能，甚至引发水合性皮炎。

C. 不注意防晒。长时间暴露在高强度紫外线中，不仅会使皮肤晒黑、晒伤，还会引发炎症反应，破坏皮肤屏障功能，致使皮肤敏感。护肤实践中，皮肤保养得再好，若不注意防晒，所有的努力都将付诸东流。

有很多因素影响着敏感性皮肤的形成，《中国敏感性皮肤诊治专家共识》将敏感性皮肤的发生因素分为个体因素、外在因素及其他皮肤病

（表 4 - 3）。

表 4 - 3　引发或加重敏感性皮肤的因素

类型	影响因素
个体因素	遗传、年龄、激素水平、精神因素等
外在因素	物理因素：季节交替、温度变化、日晒等。 化学因素：化妆品、清洁用品、消毒产品、空气污染物等。 医源因素：外用刺激性药物、局部外用大量糖皮质激素、某些激光治疗术后等
其他皮肤病	痤疮、玫瑰痤疮、接触性皮炎、湿疹等

2. 敏感性皮肤的诊断

敏感性皮肤的表现较为多样，很容易与其他皮肤疾病引发的症状混淆，是一种比较复杂的皮肤问题，要进行准确判断并不容易。下面介绍两种常见的敏感性皮肤的自我判断方法：问卷评估法和综合诊断法。

（1）问卷评估法

科学的自我评估问卷测试是识别中重度敏感性皮肤的最佳方法，能够多维度地获取信息，给出较为精准的测试结果。下面所介绍的敏感性（sensitive）皮肤测试问卷是一种较为成熟的问卷评估。

敏感性（sensitive）皮肤测试

填写说明：请根据你当下的皮肤实际状况作答，在最合适的选项上画"√"。若某些情形很难判断，请根据题目描述再试验一次，以最大程度反映皮肤的真实状态。

（1）你的皮肤在受到某种刺激（如外力摩擦、使用护肤品或化妆品、突然的冷热刺激、紫外线照射等）后是否会产生红肿、发痒或刺痛的感受？

A. 从不

B. 很少

C. 经常

D. 总是

（2）市面上的护肤品使你脸部皮肤产生发红、发痒、刺痛等不适反应的概率？

A. 从来没有

B. 很低，偶尔碰到

C. 时不时碰到这样一些产品

D. 很多产品都不能使用

E. 我从不使用护肤品

（3）进行适度运动，或处在压力下（如当公众演讲），或受到强烈的感情刺激（如生气），你的脸部或颈部会经常发红吗？

A. 从不

B. 很少

C. 经常

D. 总是

（4）你是否明确知道哪一种刺激会导致这种皮肤不适感受的产生？

A. 不知道，从未注意

B. 偶尔会有所察觉

C. 有时会注意且关注到

D. 可以明确说出刺激的因素

（5）面部皮肤上是否有肉眼可见的毛细血管？

A. 完全看不见

B. 某些部位可以看到细如发丝的红色血管，散在分布

C. 鼻翼和两颊某些部位看到红色血管，聚集成团

D. 明显发红的皮肤范围扩大到整个面部，几乎掩盖了原本的肤色

（6）你是否曾经被湿疹、皮炎或不明原因的身体皮肤长丘疹这些情况困扰？

A. 从不

B. 偶尔

C. 经常

D. 总是，情况比较严重

选 A 得 1 分，B 得 2 分，C 得 3 分，D 得 4 分，E 得 2.5 分。

你的得分：_____。

评估结果说明：

☞　19 ＜得分≤24，为重度皮肤敏感，可参照敏感性皮肤的护理方式护理，

但炎症持续存在或者恶化时必须及时寻求皮肤科医生帮助。

☞　14＜得分≤19，为中度皮肤敏感，可参照敏感性皮肤的护理方式护理。

☞　9＜得分≤14，为轻度皮肤敏感，可参照敏感性皮肤的护理方式护理。

☞　6≤得分≤9，为耐受性皮肤，无敏感情况出现，可参照正常皮肤的护理方式护理。

（2）综合诊断法

除了问卷评估法外，还可以通过综合诊断法对敏感性皮肤进行评估判断。综合诊断法是指综合皮肤的肤表症状、肌肤感觉及典型不耐受性经历，综合评估和判断皮肤是否为敏感性皮肤。

肤表症状是指肉眼能看到的皮肤状况。观察肤表症状应首先保证没有化妆，在素颜状态下让自己处于自然光线较充足的环境，对照镜子仔细观察面部皮肤。如果皮肤上出现红血丝、红斑、小红疹、干纹、脱屑或脱皮，严重的甚至有组织液渗出，那极有可能是敏感性皮肤。

肌肤感觉指的是皮肤的感觉。一般来说，敏感发生时，皮肤会产生较为明显的瘙痒、紧绷感、刺痛和灼热感等感受，可以在安静状态下认真体会是否有上述感觉之一或多种。若有，则为敏感性皮肤的概率较大。

敏感性皮肤的症状一般会在季节交替、风吹日晒、更换护肤品、情绪激动等刺激情况下产生，如果拥有以下皮肤典型的不耐受反应经历中的一种或多种，就应该引起重视，怀疑是否具有敏感倾向或为敏感性皮肤。

A．皮肤角质层看上去很薄，脸经常红红的。

B．脸部有紧绷、干燥、瘙痒、刺痛的感觉，受到水、风、冷、热等刺激就又红又痒。

C．在阳光下稍微待一会儿，脸部就会发红、发烫。

D．运动、情绪激动、紧张时面部会出现红斑、潮红、丘疹、瘙痒、紧绷、脱屑、刺痛等症状。

E．皮肤时常感觉紧绷，甚至会脱皮，尤其是在冬季，使用补水保湿产品也无法得到有效缓解。

F．对其他类型皮肤无刺激的护肤品，用了却会感觉刺痛、瘙痒、红肿等。

G．使用原本不过敏的护肤品，会感觉刺痛。

H. 是油性皮肤却有"外油内干"的感受，即虽然皮肤表面油脂多，却感觉皮肤非常缺水、干燥、紧绷。

3. 敏感性皮肤的护理

敏感性皮肤之所以"敏感"，源于皮肤屏障功能受损带来的脆弱性，在修复过程中还常常伴随着一定的反复性，因此，在护理时必须小心翼翼、循序渐进，尤其要避免过度的求快心理。从机理上来讲，造成敏感性皮肤的根本原因是皮肤的屏障功能受损，该类皮肤的改善护理重点在于：在舒缓皮肤敏感的基础上，逐步修复皮肤屏障、恢复皮脂膜及角质层的保护功能，以使皮肤达到水油平衡的健康状态。

敏感性皮肤看似棘手，但只要做到对症定方、针对性护理，使皮肤得到修复并回归到正常的状态，也是水到渠成的事情。敏感性皮肤的护理理念非常简单：遵循最低必要限度的简单护肤。避免过度护肤，杜绝繁杂，成分从简，手法温和，才能够有效减少皮肤负担，舒缓皮肤敏感状态，逐渐修复皮肤屏障功能。敏感性皮肤的护理需遵循如下四条具体原则。

一定要避开刺激源或敏感源。避开直接可导致皮肤敏感的因素（如某类护肤品或含有某种易敏感的护肤品成分，或者剧烈的冷热环境变化），可以有效防止敏感症状发生。

做好日常防晒措施。以室内活动、打伞、戴遮阳帽等硬防晒为主，适度配合低刺激性的防晒产品，切不可直接暴露于日光及强烈的紫外线下。

温和、适度的护肤操作。敏感性皮肤与干性皮肤的护理策略比较类似，注意其清洁力度不可过强，护肤手法要温和。使用温和、负担较小的护肤品，避免频繁更换护肤品，避免使用有风险的特殊护理程序，如去角质、清洁面膜、按摩等，以防止破坏皮肤屏障。

使用含抗敏、舒缓成分的功效型产品。含镇定、抗敏成分的产品配合具有修复皮脂膜功效的滋润产品使用，能够有效缓解皮肤不稳定状态，同时能够修复皮肤屏障。

（1）敏感性皮肤的舒敏修复

修复皮肤的屏障功能是敏感性皮肤最重要，也是最有难度的问题。当皮肤敏感发生时，皮肤会产生瘙痒、烧灼、紧绷感不适感，因此，针对敏感性皮肤人群来说，短期内首先需要解决的就是迅速缓解敏感症状，减轻甚至消除掉面部的不适感受。具体该如何做呢？

首先，应立即停用所有可能刺激到皮肤的产品并停止护肤操作，包括停止化妆和卸妆、停止去角质、停止使用强力洁面产品和工具、停止过度敷面膜，以及停止使用含用美白、淡斑、抗氧化等功效的护肤品。

A. 停止化妆和卸妆。因为化妆品的化学成分以及不正确的化妆、卸妆手法，可能会对敏感性皮肤造成刺激，诱发过敏反应或皮炎。

B. 停止去角质，包括不要去美容院做去角质护理。皮肤的角质层薄和角质层损伤是造成敏感的主要原因，因而保养的首要原则就是维护角质层不受伤害。如果还在敏感性皮肤上进行去角质护理，只会加重皮肤结构受损，降低皮肤免疫与防护能力。

C. 停止使用强力洁面产品和工具仪器。一般来说，洁面产品清洁力度越强，对皮肤的刺激和伤害越大，敏感性皮肤应该避而远之；强力的洁面工具如洗脸扑、洁面仪等会摩擦面部，削减角质层厚度，削弱角质层功能，很容易造成过度清洁，从而加速皮肤敏感。

D. 停止过度敷面膜。过度敷面膜会造成皮肤过度水合，使细胞膨胀，彼此之间的连接变松，从而破坏皮肤屏障功能。

E. 停止使用含有美白、淡斑、抗氧化等功效的护肤品。该类护肤品一般添加了特定活性成分，浓度较高，对皮肤的刺激性较大，同时为了保证吸收，很多该类护肤品还添加了促渗成分，这些成分也会刺激受损的皮肤。

其次，选择具有舒敏修复功效型的产品，进行皮肤的改善护理。舒敏修复类护肤品是专门针对敏感性皮肤设计的一类产品，能够缓解皮肤因各种刺激所产生的不适感，其中含有的修复类成分如神经酰胺、尿囊素等可以帮助皮肤再生，从而使皮肤屏障得以逐步修复。值得注意的是，在没有找到合适的产品之前，建议停用任何产品，切不可拿自己的皮肤做实验，反复尝试各种安全性及有效性无法得到保证的产品，以免皮肤的敏感进一步加剧。

最后，必要时应及时到皮肤科求助专科医生。当遇到敏感症状加剧，或者敏感状态反复，尝试上述护理方式仍无法得到有效缓解时，建议暂时停止护理，及时寻求皮肤科医生的帮助，进行必要的医学治疗。

（2）敏感性皮肤的日常护理

敏感性皮肤的日常护理有别于其他的问题皮肤，护理中需要特别注意避免刺激，防止伤害皮肤。日常护理时，仍需要遵循从简原则，清洁要温和，重视舒缓保湿，严格做好防晒工作。

敏感性皮肤的日常清洁应该尽量温和，所使用的产品应为非泡沫型的。优先推荐使用含有氨基酸类成分的洁面乳，该类洁面乳无泡沫且 pH（大约 5.5）为弱酸性，其刺激性较低。使用洁面乳时要用温水，洁面时间不能太长（约 30 秒），每天洁面次数不能过于频繁，视自己肌肤的实际情况而定，每天洁面 1～2 次即可。同时应注意洗脸过程中的操作手法要温和，力度适中，切忌用力揉搓面部，以免损伤面部皮肤，加重皮肤屏障的破坏。最后，清洁后的面部皮肤可用纸巾吸干附着于皮肤的水，不建议用毛巾擦拭。

敏感性皮肤的洁面产品应避免使用碱性肥皂、清洁面膜、去角质或清洁工具（如清洁海绵、脱脂棉或洗脸仪），它们会使角质层变薄，消耗细胞间脂质，导致皮肤干燥、脱屑和屏障受损。

对于敏感性皮肤来说，适当的保湿护理可以有效改善皮肤水合状态，降低皮肤对刺激的敏感性，修复角质层的完整性。一般建议可使用保湿乳液和面霜两种保湿产品，它们能帮助敏感皮肤养护皮脂膜。干性敏感性皮肤应选用抗敏保湿乳或保湿霜，每天 2 次，缓解皮肤敏感的同时，为皮肤提供应有的水分和脂质，修复受损皮肤屏障；油性敏感性皮肤应选用控油保湿乳或保湿霜，每天 2 次，控制油脂过度分泌的同时又为皮肤提供必要的水分，修复受损皮肤屏障。

为了达到更好的锁水保湿效果，在使用保湿产品前，可以通过使用补水面膜、精华给皮肤适当进行补水。面膜应避免使用撕拉式面膜，以防在撕拉过程中刺激或损伤皮肤。补水面膜每周敷 2～3 次即可，每次 15 分钟，这种频率和时间既能有效补充水分，同时不会对皮肤造成负担。还可以使用一些无刺激性含舒缓成分的精华，安抚容易受刺激的皮肤，加速其恢复正常状态。

美　肤　说

敏感性皮肤的冷喷养护

　　冷喷疗法具有补水保湿、抗炎舒缓的作用，是一种常用的治疗面部敏感性皮肤的护理方法。日常护理时，冷喷可以与其他保湿护理产品配套使用，其效果会更好。具体用法如下（图4-5）。

　　☞　用不含刺激成分的氨基酸洗面奶进行洁面。

　　☞　在距面部肌肤15～20 cm处用医用型舒缓喷雾进行冷喷，将整个面部均匀喷洒即可。为避免喷雾进入眼内，喷洒过程中注意闭上眼睛。

　　☞　冷喷结束，用舒缓温和的保湿乳或者保湿霜进行护理，涂抹要均匀、适量，以皮肤感到清爽、舒适为度。

　　若冷喷后仍感觉面部干燥、紧绷或者瘙痒不适，可选用舒缓面膜外敷15～20分钟。但舒缓面膜不宜每天使用，每周使用2～3次为宜，避免皮肤角质层水合过度而出现损伤。

洁面　　　　　距离15～20 cm均匀　　　外涂保湿乳或
　　　　　　　喷洒于面部　　　　　　保湿霜

图4-5　冷喷使用方法示意

　　紫外线是健康肌肤的大敌，可损伤皮肤的表皮和真皮，造成色素沉着、光老化、引发炎症，并破坏皮肤屏障功能。对敏感性皮肤来说，紫外线更能轻易穿透皮肤，也更易造成破坏，且不易恢复。因此，敏感性皮肤的防晒尤为重要。首先，强烈建议敏感性皮肤人群应尽可能在室内活动、避免室外活动，这是首选的防晒措施；其次，如果要进行室外活动，则应优先考虑防晒服、防晒伞等硬防晒措施，尽可能减少对皮肤的额外刺激；最后，使用防晒产品是不得已但又必需的选择，以避免皮肤的直接暴晒。

当必须在室外进行活动时，敏感性皮肤应在最低必要限度内使用防晒产品，一般建议油性敏感性皮肤选用防晒露、防晒凝胶，而干性敏感性皮肤更适合选用防晒乳和防晒霜。冬季时，防晒产品可选择低 SPF 值的保湿性日霜或乳液，一般 SPF 20 的防晒产品即可达到效果；夏季使用含二氧化钛和氧化锌的物理性防晒产品，无油腻感且不会刺激皮肤，一般阴天室外的防晒指数 SPF 30 即可，海滩、游泳等情况下的 SPF 50 为重。需要再次强调的是，只要具备条件，就应该尽量做到硬防晒和软防晒相结合，将紫外线对皮肤的伤害降至最低限度（图 4 - 6）。

鉴于敏感性皮肤的敏感症状的反复性和复杂性，当敏感发生时，对于该类皮肤的清洁、保湿与防晒护理就要特别慎重，必要时应该停止日常的基础护理，针对性地改善护理、舒缓敏感、修复皮肤屏障，必要时应该求助专业的皮肤科医生进行治疗，待皮肤敏感得以缓解、皮肤屏障得以修复，方可逐步进行皮肤的基础护理和进一步的改善护理。

遮阳伞
太阳镜
防晒霜
防晒衣
长裤

图 4 - 6　全面防晒

（3）敏感性皮肤的护肤品选择

敏感性皮肤应该避免自身脆弱的皮肤屏障再受到任何刺激，一般选择弱酸性的产品为佳，用时无刺痛感，不会引起过敏反应。当敏感发生时，则应选择有舒敏抗炎成分的产品，待皮肤恢复至稳定状态时，可局部使用一些特殊功能的护肤品。市面上有很多针对敏感性皮肤的护肤品牌及专门产品，在选择适合自己的产品时，最重要的是通过阅读产品成分表来准确判断其有益成分和刺激性成分，方可做到选择不盲目、使用不担忧、效果有保障。

表4-4列出了敏感性皮肤推荐使用与应该避免的常见护肤品成分，方便日常选购时进行参考查阅。

表4-4 敏感性皮肤推荐使用与应避免的常见产品成分

护理类别	推荐成分	避免成分
抗敏修复	β-葡聚糖、洋甘菊提取物、马齿苋提取物、金缕梅提取物、积雪草提取物、芦荟提取物、仙人掌提取物、神经酰胺、维生素B类（如维生素B_3、维生素B_5）、尿囊素、胆固醇	香精、酒精、色素、防腐剂、水杨酸、果酸、乙酸、苯甲酸、肉桂酸、乳酸、α-硫辛酸、葡萄糖酸、植酸、多羟基酸、蓖麻酸、视黄醛、视黄醇
日常护理	椰油酰甘氨酸钾、椰油酰甘氨酸钠、肉豆蔻酰谷氨酸钾、甘油、矿脂、角鲨烯、荷荷巴油、二氧化钛、氧化锌	

美 肤 说

敏感性皮肤人群化妆指南

　　化妆是使女性快速变美、增强自信的一种方式，现代社会有很多场合均对女性妆容有着明确的要求。即使是敏感性皮肤人群，也希望能够通过化妆让自己变得亮丽自信、光彩照人。但是，皮肤敏感却让很多人对化妆心生疑虑、望而却步。敏感性皮肤也能够正常化妆吗？答案是可以的，但是需要特别注意化妆对皮肤带来的影响，正确选择和使用化妆产品。以下给出敏感性皮肤应该如何正确化妆的指南。

　　☞　使用尽可能少的化妆品，尽量化淡妆，避免化浓妆。

　　☞　选择专门针对敏感性、不耐受性皮肤设计的低致敏性化妆品，不含防腐剂、无香料、不致粉刺的化妆品（不含化学性防晒剂），避免使用曾经引起过敏性或刺激性反应的成分。

　　☞　使用粉类化妆品替代乳剂型产品（如胭脂粉、修容粉饼）。

　　☞　修复性粉底与适合的保湿剂混合，然后用手指轻拍。

　　☞　液体粉底应以硅酮为基质（如环甲聚硅氧烷、二氧聚硅氧烷）。

　　☞　避免使用防水化妆品。

　　☞　避免使用指甲油。

　　☞　每次使用后清洁刷子等工具。

　　☞　使用化妆品后，在全面部使用喷雾，以温泉水喷雾最佳，会使化妆品作用持续时间更长，同时能软化、滋润和保护皮肤。

（4）医学手段改善皮肤敏感

除了使用护肤品对敏感性皮肤进行日常基础护理和改善护理外，对于一些重度的敏感性皮肤人群和深受敏感问题困扰的人群来说，还可以通过医学手段改善皮肤敏感。医学手段包括使用药物和采用医学美容技术，一般是在专业人士的指导下开展和实施，同时不建议妊娠期、哺乳期的女性选择医学手段。

A. 药物。对待灼热、刺痛、瘙痒及紧绷感显著的敏感性皮肤，或者反复发生的严重敏感症状，在使用护肤品效果不明显时，可以在专业皮肤科医生的指导下口服或外用一些药物进行治疗。抗生素、羟氯喹、甘草酸胺等抗炎类药物可抑制多种细菌、炎症介质，减轻炎症反应；抗组胺类药物可以有效缓解皮肤过敏、瘙痒症状。

B. 医学美容技术。敏感性皮肤在皮肤状态处于较稳定状况下，可以酌情采取一些医学美容技术进行治疗。对热刺激敏感的人群，可以通过冷喷、冷膜及冷超等低温物理手段，使扩张的毛细血管收缩，达到减轻炎症的目的；红光和黄光对于敏感性皮肤的各种症状都能起到缓解和治疗作用，其中红光具有抗炎和促进皮肤屏障修复的作用，黄光则可促进细胞新陈代谢，降低末梢神经纤维兴奋性；强脉冲光可通过热凝固作用封闭扩张的毛细血管，通过对表皮细胞的光调作用促进皮肤屏障修复，缓解敏感症状，是最常用也最安全的一种医学美容手段。

敏感性皮肤的治疗并非一蹴而就，治疗时间长短取决于皮肤的自我更新修复能力，因此，即使选择通过医学治疗手段来改善敏感性皮肤，也需要做好长期改善的心理准备，配合医学治疗做好辅助的皮肤护理工作，方能提高治疗效果，加速敏感性皮肤的修复进程。

美 肤 说

"红血丝" 的修复与养护

"红血丝"（图4-7），又称"高原红"，是指面部的毛细血管扩张，使脸颊两侧看起来像氤氲着两团红色的对称的雾气，它不是那种健康均匀的红润，而是粗糙而有扩张性的红。红血丝除了影响面部美观之外，动辄还会引起灼热、痒痛等症状。

"红血丝"属于敏感性皮肤的一种常见症状，由"红血丝"构成的"红晕"对称分布在鼻翼或脸颊两侧，相对于其他的敏感性皮肤而言，"红血丝"持续时间长且性质较为严重。"红血丝"的形成是由于面部角质层薄弱，导致毛细血管更容易接触和感知到外界环境变化，从而造成毛细血管扩张。面部角质层薄弱多是由环境刺激和过度护肤造成的。

图4-7 红血丝

光子嫩肤和染料激光是两种常见的治疗"红血丝"的医学手段，但建议应在医生指导下在正规医院进行治疗，而不应选择缺乏安全保证或没有专业资质的美容院、小诊所，这将带来极大的安全隐患，是对自己的皮肤极不负责任的行为。采用医学手段进行治疗也有不足，一般需要多次进行，且价格昂贵，如果后续护理不当也会有副作用产生，故应根据自身情况进行充分评估后谨慎选择。

在进行医学手段治疗前，需要遵循前面关于敏感性皮肤护理的建议，当皮肤处于较为稳定的状态时，方可实施医学手段治疗，否则有可能加重皮肤发红。医学治疗实施后，还需要严格按照医生建议，配合使用适合的护肤品和护肤方法，以促使皮肤修复和巩固修复效果。

第四章 问题皮肤的护理

　　经历过青春期的人一定对痤疮不陌生，因为自己或者身边的伙伴们或多或少都被痤疮光顾过。这里的痤疮又称为青春痘，和粉刺一样在医学上都被称为痤疮，一定程度上被认为是青春的标志。作为一种青春期的附加产物，痤疮给靓丽的青春蒙上了一层阴霾，严重时还会影响青少年的身心健康，他们一边标榜着"无痘不青春"，一边却又深受痤疮问题困扰。

　　很多人认为，痤疮会随着青春期结束而一并消逝，因此，对于痤疮问题采取了放任自流、随遇而安的态度，其最终的结果是"青春不在，但青春痘还在"。之所以出现上述情况，其原因是大家对痤疮的认识不足，而没有对其进行相应的治疗与护理。正确认识痤疮，学会科学的痤疮性皮肤护理方法，才能使青春恢复靓丽本色。

　　1. 痤疮性皮肤的定义与成因

　　（1）痤疮是一种常见的毛囊皮脂腺慢性炎症

　　在《说文解字》里，"痤"被解释为"小肿"，"冒痘"时有红、肿、热、痛的感觉，有炎症反应；"疮"则是指皮肤上肿烂溃疡的病。"痤疮"二字均是病字头（疒），在中国的造字法中，表示痤疮和疾病相关。

　　事实上，痤疮就是一种皮肤病，其本质是发生在毛囊皮脂腺的慢性炎症性皮肤疾病，主要好发于面部多脂区，也常常在胸部、背部、肩膀和上臂见到。痤疮多发生在青少年时期，有 70% ～ 87% 的青少年曾被痤疮问题困扰，对青少年的心理和社交的影响超过了哮喘和癫痫。

　　本书所说的"痤疮"指的是寻常痤疮，在临床上最为常见，影响也最为广泛。除了寻常痤疮外，常见的还有玫瑰痤疮、反常性痤疮等较为严重和复杂的痤疮，它们主要通过医学手段进行治疗，本书对此不做过多介绍。

痤疮按照其发展阶段，最早表现为粉刺。粉刺属于一种非炎症的皮损，依据其是否有开口，又分为白头粉刺（闭合性粉刺）和黑头粉刺（开放性粉刺）。有些粉刺继续演变，发展为淡红色或深红色的丘疹。丘疹如果不能清退而继续演变，则会发展为脓疱，特别严重时会发展为结节、囊肿。丘疹、脓疱、结节和囊肿属于炎症性皮损。图4-8表明了痤疮的演变与发展的阶段历程。

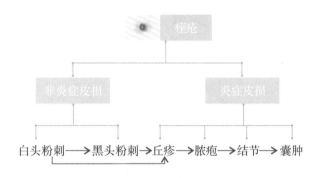

图4-8　痤疮的发展阶段

A. 白头粉刺：毛囊皮脂腺口被角质细胞堵塞，角化物和皮脂充塞其中，与外界不相通，形成闭合性粉刺，看起来为稍稍突起的白头。

B. 黑头粉刺：毛囊皮脂腺内被角化物和皮脂堵塞，而开口处与外界相通，形成开放性粉刺，表面看起来是或大或小的黑点。黑头堵塞物并非灰尘，而是排列在毛囊漏斗部管腔内的角化细胞，这些细胞在管腔开口处或表皮下阻碍了皮脂排出。黑头的颜色与黑色素无关。

C. 丘疹：是痤疮最基本的损害。丘疹突出于皮肤表面，呈圆形、半圆形或不规则形，直径不超过1 cm，内有炎症且发红。

D. 脓疱：指隆起于皮肤表面的中空的疱，其内充满黄色的脓液。是炎性丘疹的进一步发展、加重。脓液由死亡的白细胞、降解的组织碎片、渗出的液体和其他物质构成。

E. 结节：在脓疱的基础上，毛囊皮脂腺内有大量的角化物、皮脂、脓细胞存贮，使毛囊皮脂腺结构破坏而形成高出于皮肤表面的红色结节。其基底可见明显的浸润、潮红，触之有压痛。

F. 囊肿：在结节的基础上，毛囊皮脂腺结构内大量脓细胞聚集，既有脓液、细菌残体、皮脂和角化物，又有炎症浸润，把毛囊皮脂腺结构完全破坏。触摸起来有囊肿样感觉，挤压之可有脓液及血液溢出。

另外，科学研究发现，3%～7%的痤疮患者会遗留瘢痕，也就是大家常说的痘印和痘坑。有些人会形成痤疮样的瘢痕，有些人的瘢痕会凸起、增生，形成增生性的瘢痕，还有些人会形成凹陷性的瘢痕。瘢痕是痤疮最严重的损害，是机体对于组织损伤产生的一种修复反应，一旦形成，很难自愈。

（2）痤疮分级别，轻重不一样

痤疮的分类和分级方法有很多种，按照《中国痤疮治疗指南（2019修订版）》，主要依据皮损性质将痤疮分为3度和4级（表4-5）：

轻度（Ⅰ级）：以粉刺为主；

中度（Ⅱ级）：Ⅰ级＋以炎症性丘疹为主；

中度（Ⅲ级）：Ⅱ级＋以脓疱为主；

重度（Ⅳ级）：Ⅲ级＋以结节、囊肿为主。

痤疮分级可以给痤疮的治疗及疗效评价提供重要依据，不同阶段的痤疮表现不同，严重程度不同，治疗及护理方式也不同。如果是轻度（Ⅰ级）和中度（Ⅱ级）的痤疮，通过护肤品的改善护理可以发挥重要的甚至是主要的作用；如果是中度（Ⅲ级）和重度（Ⅳ级）痤疮，则需及时到医院就诊，护肤品和日常护理只能起到辅助作用，具体可见后文"痤疮性皮肤的护理"的相关内容。

表4-5　痤疮分级方法

分级	表现	图示
轻度（Ⅰ级）	粉刺（白头）	

续上表

分级	表现	图示
轻度（Ⅰ级）	粉刺（黑头）	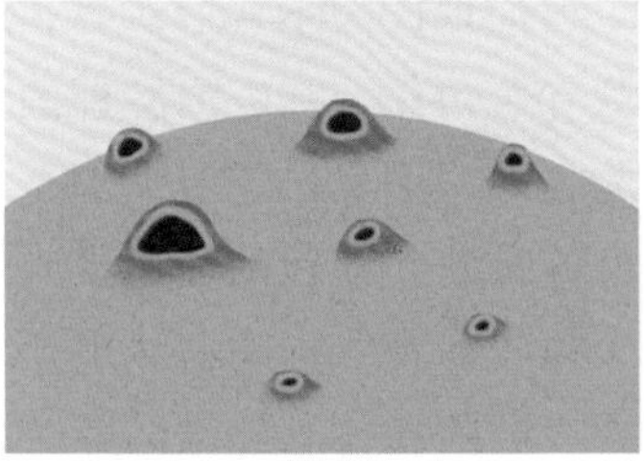
中度（Ⅱ级）	炎性丘疹	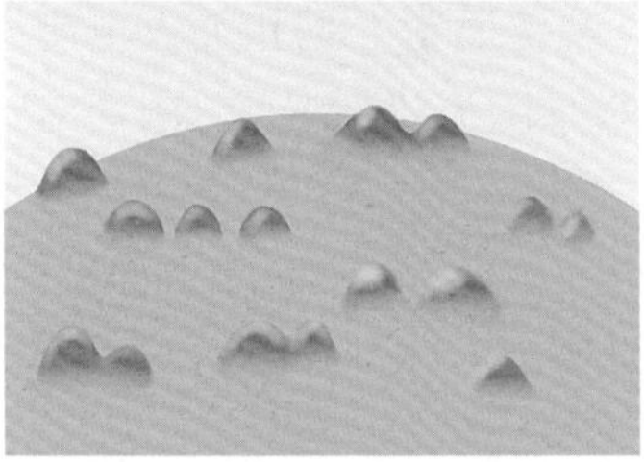
中度（Ⅲ级）	脓疱	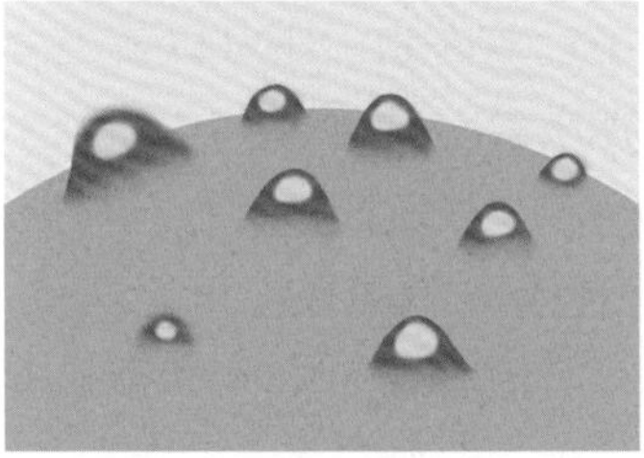
重度（Ⅳ级）	结节	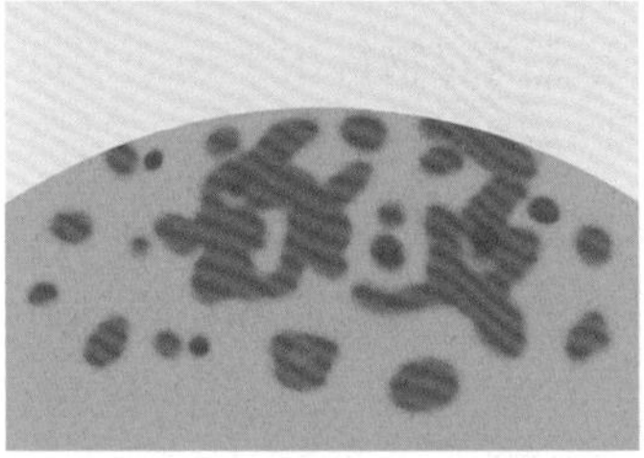
	囊肿	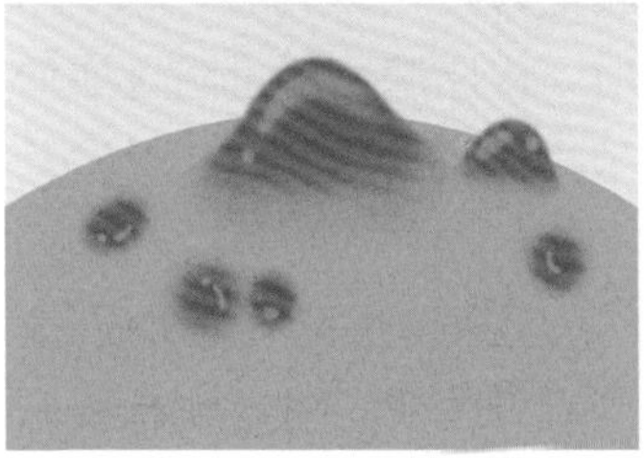

（3）痤疮的形成原因复杂且多样

痤疮的形成原因复杂且多样，其形成原因和发病机制至今仍未完全阐述清楚。目前现代医学普遍认为，遗传、雄激素诱导的皮脂大量分泌、毛囊皮脂腺导管角化、痤疮丙酸杆菌繁殖等因素都可能与之相关。

除此之外，不良的护肤习惯、不健康的生活方式也会引发或加剧痤疮。不良的护肤习惯包括使用劣质、粉质化妆品，卸妆不当，不注意清洁与防晒，化妆频繁等；不健康的生活方式包括经常熬夜，长期压力过大，偏食高糖、高脂食物及奶制品等。

A. 遗传因素。据相关人士研究，遗传因素在痤疮的发病中起到重要作用，这是因为雄性激素、皮脂腺分泌，以及毛囊导管角化过程中的一些物质代谢都与遗传有关。如果患了痤疮，可以先问下长痘者的父母是否有过长痘经历，一般如果父母患过痤疮，其子女很大程度上就会因遗传因素而患此病。另外，油性皮肤的患痘风险较大。

B. 雄性激素水平升高。雄性激素增多不仅可以刺激皮脂腺增生、肥大，分泌过多皮脂，还可以使毛囊口角化、上皮细胞增生，最终引发痤疮。雄性激素不仅存在于男性体内，同样也存在于女性体内，女性排卵后至月经来潮这段时间内容易长痘就是体内雄性激素比例相对较高导致的。

C. 毛囊皮脂腺导管角化。毛孔堵塞几乎是所有痤疮性皮肤的共性，毛孔堵塞有的表现为脂栓（毛孔里那些硬硬的像油脂粒的东西）很多，也有的表现为粉刺很多。而毛囊皮脂腺细胞异常的角化可以使皮肤的毛孔堵塞，造成内容物排出不畅而引起局部堆积形成脂栓，分泌物不断地累积最终形成痤疮。

D. 痤疮丙酸杆菌繁殖。痤疮丙酸杆菌是一种定居在人体皮肤毛囊皮脂腺滤泡中，喜食皮脂和死亡细胞的正常菌群。痤疮丙酸杆菌具有厌氧生长特性，在有氧气"压制"的情况下，其对皮肤的新陈代谢是有利的，但是一旦毛囊口出现角栓，氧气无法进入毛囊深处时，它就开始大肆繁殖。此时，皮脂腺分泌也明显增加，其中含有的脂肪酸等成分更是为其生长及繁殖提供了食物基础，引发及加重炎症反应，成为痤疮最主要的病因之一。

E. 不良的护肤习惯。劣质化妆品里含有很多香精、色素及重金属如铅、汞等有毒物质，对皮肤有着非常严重的刺激。化妆品中的化学成分进入皮肤，这些成分很可能会干扰正常的组织细胞，导致痤疮产生，甚至引起化妆品接触性皮炎、化妆品激素依赖性皮炎等。

频繁化妆，尤其是使用粉质化妆品，加上卸妆不干净、清洁也不到位等，使化妆品残留物留在脸上，毛孔堵塞，引发痤疮。紫外线照射则会引发炎症反应，加剧痤疮。

F. 不健康的生活方式。经常熬夜的人长痘的风险明显高于作息规律、睡眠充足的人。这是因为不规律的睡眠及过大的精神压力会影响内分泌和代谢，并且熬夜最容易引起疲劳、精神不振，人体的免疫力也会跟着下降，并造成皮肤水分流失，容易引发痤疮。

另外，有研究表明，精神压力过大可以促进肾上腺皮质分泌，导致肾上腺皮质源的雄性激素水平升高，从而使皮脂腺分泌增加，出现粉刺。

在饮食中偏食高糖、高脂肪、高油盐食物及奶制品也会引发痤疮。高糖食物会引发血糖升高，胰岛素分泌增加，促进皮脂腺细胞的生长和油脂合成，加重痤疮；高脂类食物的热量高出其他食物好几倍，很容易造成体内油脂囤积，同时会促进胰岛素样生长因子–1（IGF-1）的增高，从而加重痤疮；奶制品（主要为牛奶，尤其是脱脂牛奶）含有 IGF-1、酪蛋白，且牛奶本身也会促进人体内 IGF-1 的合成，从而促进毛囊皮脂腺单位的分泌，加重痤疮。

螨虫真的会诱发痤疮吗

一提到螨虫，很多人会下意识地觉得身上发痒，甚至会起鸡皮疙瘩。其实，每个人身上都有螨虫，这是一种正常的寄生现象。

与人体健康有关的螨虫有十多种，最常见的有尘螨、粉螨、蠕螨、疥螨等。有研究发现，痤疮患者面部的螨虫多于皮肤健康的人群，并且发现螨虫寄生的毛囊周围出现炎症反应。但是，目前临床发现改善痤疮症状的药物其实不影响螨虫，同时，针对螨虫的药物也不能有效改善痤疮症状。所以，认为螨虫是引起痤疮症状的因素之一，尚未得到科学的证明。

2. 痤疮性皮肤的诊断

轻度痤疮是最常见的皮肤问题，但由于缺乏了解，很多人在轻度痤疮发展至有皮损的严重性痤疮时，才意识到需要对此进行重视，进行相应的治疗或改善护理，但往往已经错失了最好的改善时机。因此，掌握科学的痤疮诊断方法，尽早识别处于早期的轻度痤疮，才能尽快采取有针对性的改善护理，防止轻度痤疮的进一步发展与加剧。下面具体介绍两种诊断方法，分别是问卷评估法和综合诊断法。

（1）问卷评估法

要想知道自己的皮肤是否属于痤疮性皮肤及痤疮性皮肤的严重程度，可以通过完成下面的痤疮性（acne）皮肤测试来找到答案。该问卷不仅能够根据皮肤症状及相关引发痤疮的因素帮助判断皮肤问题，还能识别出痤疮的严重程度，以便后续有针对性地开展治疗和护理。

痤疮性（acne）皮肤测试

填写说明：请根据你当下的皮肤实际状况作答，在最合适的选项上画"√"。若某些情形很难判断，请根据题目描述再试验一次，以最大程度反映皮肤的真实状态。

（1）你面部皮肤的毛孔是否有"黑头""白头"？

A. 没有，毛孔很紧致、干净

B. 少量分布在鼻尖

C. 鼻尖、鼻翼和额头等处明显可见

D. 面部大部分都有

（2）你是否出现有痤疮的情况？

A. 从来没有过

B. 偶尔会冒出一两个

C. 经常会长，但数量不多

D. 大面积分布，同时冒出 5 个以上，反复交替

（3）你的痤疮的大小和形状是？

A. 我没有长过痤疮，所以我回答不了这个问题

B. 单个散在分布，大小不超过绿豆

C. 明显地聚集在某个皮肤区域，大小经常超过绿豆

D. 明显地聚集成团，痤疮之间的正常皮肤呈红色，肉眼可见的结节或囊肿

（4）是否被皮肤科明确诊断为痤疮？

A. 从未因为痤疮而去皮肤科

B. 明确被医生诊断为痤疮

C. 因患痤疮经常去皮肤科治疗

D. 因患痤疮反复去皮肤科治疗

（5）你的痤疮治疗情况是？

A. 我没有得过痤疮

B. 在一两周内不做处理也会自行消退

C. 需要借助外用护肤品或药物帮助消退

D. 必须使用外用护肤品或药物和内服药物，否则痤疮情况会持续

（6）你是否了解自己皮肤长痤疮的诱因？

　A. 我没有痤疮，不用担心这个问题

　B. 不了解诱因

　C. 明确知道某些因素，会自觉回避这些因素

　D. 主动回避大部分长痤疮的诱因，但是皮肤仍然会长痤疮

选 A 得 1 分，B 得 2 分，C 得 3 分，D 得 4 分。

你的得分：＿＿＿＿＿。

评估结果说明：

　☞　20≤得分≤24，为重度痤疮皮肤，需及时寻求皮肤科医生帮助，并参照本章"痤疮性皮肤的护理"相应内容进行辅助治疗。

　☞　15≤得分≤19，为中度痤疮皮肤，可参照本章"痤疮性皮肤的护理"相应内容进行辅助治疗。

　☞　10≤得分≤14，为轻度痤疮皮肤，可参照本章痤"疮性皮肤的护理"相应内容进行辅助治疗。

　☞　6≤得分≤9，为正常皮肤，无痤疮情况出现，可参照正常皮肤护理程序。

（2）综合诊断法

除问卷评估法之外，还可以通过综合诊断法进行痤疮性皮肤的判断，其具体方法包括观察面部的肌症状状、肌肤感觉及询问了解其他关键影响因素进行综合评估及判断。

痤疮性皮肤的肌症状状包括痤疮的发病部位、皮损形态及程度。痤疮可发病于面部、下颌、颈部、胸部、后背部位，其中以面部最为常见，经常呈对称性生长，且出现在患者面部 T 区的概率最高。在皮肤出现痤疮初期，你会观察到许多分散的小疙瘩，顶端可呈白色或黑色，这就是"白头"粉刺和"黑头"粉刺。若挤压痤疮，会挤出条状脂肪栓。到了痤疮中后期，能非常容易观察到面部有黄色的脓疱、红色或紫红色的结节，甚至有明显凸出皮肤表面的大颗粒的囊肿等皮损现象。

大部分痤疮患者的皮肤都比较油腻，特别是面部 T 区，油腻感较为明显。此外，生长了痤疮的皮肤有一个很重要的感觉，那就是痛——在初期的粉刺阶段，用手挤压或者用粉刺针挑刺时，能感觉到粉刺部位轻微刺痛。当发展到脓疱、结节甚至囊肿时，痛感加剧，按压时的痛感尤为明显。有的痤疮性皮肤因为皮肤屏障受损还会出现紧绷感、瘙痒等主观感受。

另外还有一些关键因素，如年龄、生活习惯、护肤习惯等，可以帮助判断某个个体是否属于痤疮性皮肤的高发人群。受雄激素分泌水平的影响，痤疮一般多发生于正值青春发育期的青少年群体，幼儿、中年人及老年人等群体虽然也有可能发生，但概率远不及青少年。拥有经常熬夜、睡眠质量差、压力过大、饮食不均衡（喜食甜食、荤食、油炸、辛辣食物及奶制品）等不良生活习惯的人是痤疮的高发人群；不良的护肤习惯如经常用劣质或者粉质化妆品、化妆后不卸妆或者卸妆不干净、不注意清洁与防晒等，会引发或者加剧痤疮生长。

3. 痤疮性皮肤的护理

痤疮看似面目狰狞，一定程度上会影响人们的面部美观，造成自信心不足，但是痤疮并没有面目狰狞的魔鬼那么可怕，是可以预防和进行治疗的。然而，我们也应该清醒地认识到，痤疮治疗的目标不是"断根"，并不是一次治愈、终身无忧，而是要最大限度地减轻痤疮症状，减少复发可能性，以及减少痤疮发生后在面部遗留的瘢痕。

实际上，痤疮的发生机理较为复杂，因此关于痤疮的护理和治疗并没有一个具有针对性的、行之有效的方案，任何单一的治疗与护理方式都不能取得理想的效果，需要采取抑制油脂分泌、疏通毛孔和消炎抑菌等多种方式，分进合击、综合运用，才能见到明显的成效。一般来说，痤疮性皮肤的护理具体需遵循如下三条原则。

预防比治疗更重要。"防患于未然"是一条通用的原则，但也是经常被忽略的因素。预防痤疮需要从养成科学的护肤方式、规律的生活作息和健康的饮食习惯开始。

做好日常清洁、保湿和防晒等基础护肤工作。痤疮性皮肤与油性皮肤的护理策略比较接近，要重视清洁但不过度清洁，适当控制油脂分泌，同时也要温和清爽保湿，还要防止紫外线照射引发的皮肤炎症反应。

适当时，应结合护肤品护理与医学治疗两种手段。当痤疮处于轻度（Ⅰ级）、中度（Ⅱ级）时可以以护肤品护理为主，但是当痤疮比较严重达到中度（Ⅲ级）、重度（Ⅳ级）时则应以医学治疗为主，护肤品护理只能起到辅助治疗的作用。

（1）痤疮性皮肤的预防性护理

虽然痤疮的发病机制仍未完全确定，但这并不影响我们对其采取一些相对有效的预防措施。想要脸上不长痤疮，或让已经发生的痤疮不增多、不加重，在日常生活中，我们要注意避免一些容易导致痤疮疯长的坏习惯和不良做法。

不要经常用手摸脸。总是不经意地触摸、摩擦、揉捏或抠挠面部，容易导致之前就存在的痤疮复发。我们的手上有着大量的细菌和污垢，经常摸脸会将细菌和污垢也一并带到脸部，这样会对皮肤产生巨大的伤害，不仅会让皮肤长痤疮，还会让皮肤出现毛孔粗大、松弛等问题。

重视手机屏幕的清洁。现代社会中，手机已经成为生活和工作的必需品了，很多人每天都要花费大量的时间使用手机。根据统计，每一寸手机屏幕上便含有大约 25 000 个细菌，如果你打电话时间过长，便给了这些细菌转移到脸颊和下巴皮肤的机会。因此，若想避免手机上滋生的细菌引发的痤疮，除了定期用擦拭布清洁手机屏幕外，也可考虑使用耳机讲电话，并随身携带杀菌湿纸巾，时时做好肌肤清洁。

出门做好防晒。经常被阳光直射不仅会让皮肤受到来自紫外线的直接伤害，也会令汗腺及皮脂腺的分泌活跃，从而阻塞毛孔，加速发炎。此外，防晒是预防玫瑰痤疮的主要策略。

戒烟、戒酒。抽烟、喝酒容易诱发或加重痤疮。

注意饮食健康。饮食干预是预防痤疮的最有效的策略之一。要忌食高糖、高脂类食物，该类食物容易引起血糖升高，刺激胰岛素分泌，导致雄性激素活性增强，从而加重痤疮的发生、发展。常见的高糖类食物有白糖、冰糖、红糖、巧克力、冰激凌等。常见的高脂类食物有牛奶、奶油、猪油及一些油炸类食品等。

（2）痤疮性皮肤的抗痘护理

根据痤疮皮损性质及严重程度可将痤疮分为 3 度 4 级，分别是轻度（Ⅰ级）、中度（Ⅱ级）、中度（Ⅲ级）和重度（Ⅳ级）。不同程度和级别的痤疮在护理中的侧重点也不同。轻度（Ⅰ级）以粉刺为主，其原因是皮脂分泌旺盛，导致皮脂无法及时排出而堵塞毛囊口，护理的关键在于抑制皮脂过度分泌与疏通毛孔；中度（Ⅱ级）以丘疹为主，其形成是因为皮脂排出受阻，微生物大量繁殖诱发炎症，是粉刺的进一步发展，护理的重点是在抑制皮脂分泌和疏通毛孔的基础上，抑制炎症及有害微生物的生长；如果丘疹不能及时消退，就有可能发展为中度（Ⅲ级）的脓疱，特别严重的情况下，可能发展为重度（Ⅳ级），表现为结节和囊肿，此时单纯使用抗痘类护肤品进行护理已经不能解决皮肤问题，需要去医院接受治疗，并在治疗后使用抗痘产品来促进皮肤的修复。

下面从抑制皮脂过度分泌、疏通毛孔、抑制炎症及有害微生物的生长、医学治疗后的修复四个方面展开，告诉大家如何进行抗痘护理。

A. 抑制皮脂过度分泌。清洁产品中的表面活性剂和皮脂抑制类成分可以有效抑制皮脂过度分泌。表面活性剂通过乳化作用去除皮肤表面多余的油脂，皂基类洗面奶比较适合痤疮性皮肤使用，其清洁力强，能有效去除皮肤表面油脂。但是注意不要过度清洁。每天早、晚各洁面 1 次，清洁后注意及时进行皮肤保湿。皮脂抑制类成分通过抑制皮脂腺活性达到减少油脂分泌的效果，常见的皮脂抑制类成分有维生素 A、视黄醇及其衍生物和丹参提取物等。

B. 疏通毛孔。皮肤老化角质堆积是堵塞毛孔的关键因素，也是痤疮发生的主要因素之一。通过使用去角质产品能达到去除多余角质、疏通毛孔的目的。在去角质产品的选择上，可以选择具有颗粒的磨砂膏，通过摩擦作用把表皮角质脱去；也可以选择使用含酸类成分的产品使上层角质细胞之间的连接变松，让角质等更容易脱落，从而达到软化角质、疏通毛孔的功效。常见的酸类成分有果酸、水杨酸、壬二酸。值得注意的是，酸类成分刺激性较强，有敏感问题的痤疮性皮肤应该慎用。

C. 抑制炎症及有害微生物的生长。炎症反应贯穿痤疮全过程，通过使用抗炎成分抑制细菌大量繁殖，减少皮脂中的游离脂肪酸，从而减轻及改善瘙痒和红肿等炎症反应，预防痤疮进一步发展。常见的抗炎抑菌类的成分有甘草提取物、洋甘菊提取物、维生素 E、维生素 C、大豆异黄酮等。

D. 医学治疗后的修复。当痤疮发展为脓疱、结节、囊肿时，必须接受正规医学治疗。由于医学手段刺激性较强，治疗后皮肤通常会感到不耐受，出现干燥、脱屑和刺痛等副作用。这时，就需要选择合适的保湿剂，以克服痤疮治疗期和维持期所引起的不耐受状况，提高皮肤的耐受力。理想的保湿剂应该是非致粉刺性与痤疮性的、低敏无刺激性的，可以选择的产品有保湿化妆水或精华、无油或少油的乳液。另外，还可以选择添加神经酰胺、角鲨烯等仿生成分的产品，补充角质层表面及细胞间脂质；在皮肤痤疮未完全康复时，也可以选择具有抗炎、舒缓功效的植物提取物成分的产品，将有助于皮肤的进一步修复。

最后，要特别强调的是：养成良好的饮食习惯和作息习惯对痤疮患者的治愈尤为重要。饮食上，所有痤疮患者都应清淡饮食，少吃高糖、高脂类食物，尤其要注意控制奶制品的摄入，牛奶、脱脂牛奶、酸奶均应禁食。不良的作息习惯，如经常熬夜、睡眠质量差等是引发及加重痤疮的重要因素，强烈建议晚上睡眠时间不要超过晚上11点。

（3）痤疮性皮肤的日常护理

痤疮性皮肤普遍存在着由于皮脂分泌旺盛导致毛孔堵塞的情况，且整个过程伴随着炎症反应。实际护肤咨询问诊过程中，发现痤疮性皮肤多是油性皮肤发展而来。因此，在给痤疮性皮肤进行日常护理时，主要是要通过清洁、保湿和防晒等护肤工作抑制油脂分泌，防止因毛孔堵塞而引发炎症，防止痤疮生成及加重。

对于痤疮性皮肤及易发生痤疮的油性皮肤，首先要做好皮肤的清洁护理，去除多余的皮脂和角质细胞，以减少毛孔堵塞的机会，降低痤疮形成的可能性。建议这部分人群在每晚睡觉前一定要认真卸妆，防止化妆品长时间停留在脸部堵塞毛孔，引发痤疮；运动或外出回家后，应该及时将脸上的灰尘和油污洗净，保持脸部清洁、干爽，避免污物堵塞毛孔。

洁面时应注意温和，可以选择一些泡沫比较丰富的洁面产品，而避免使用碱性洁面皂等清洁产品，因为这些产品刺激性大，会破坏皮肤屏障造成皮肤敏感。每天早晚用温水各洁面1次。洁面后还可以使用一些含有微量酒精或者弱酸成分的化妆水帮助角质软化，清洁毛囊口，避免进一步发炎。

皮肤保湿一般可选择油分含量较低且性质温和的产品，如水、乳、啫喱等。不要使用油分厚重的保湿品，它会使油性皮肤产生明显的油腻感，还会堵塞毛孔。

有人认为，晒太阳可以减轻炎症。这种观点的依据是阳光具有杀菌的功能。其实，晒太阳减轻炎症的说法并没有科学依据，相反，皮肤被晒伤可引发炎症。痤疮患者在选择防晒产品时应以化学防晒剂为主，可选择比较轻薄的防晒乳液，不宜选择含有二氧化钛、氧化锌等成分颗粒较大的防晒霜。使用防晒产品后，切记要严格卸妆，否则容易堵塞毛孔，加重痤疮。如果痤疮较为严重时，则应避免使用防晒霜，而应采取打伞、戴帽等硬防晒方式。

从细节处战胜痤疮

　　痤疮形成的原因多种多样，生活中很多不被人重视的一些细节也会引发痤疮。以下列出了一些日常生活中需要注意的细节，有助于从细节处战胜痤疮。

　　☞　皮肤偏油性的人要勤洗头，因为头皮分泌的过多油脂容易造成头发与脸部相接处冒出痤疮。

　　☞　皮脂腺分泌较旺盛的油性皮肤应避免按摩，以免刺激油脂分泌，更容易长痤疮。

　　☞　最好不要留长发，或者留刘海，这样容易刺激皮肤引发痤疮。

　　☞　枕巾、枕套应勤洗勤换。枕巾经常与脸部皮肤接触，如果光洗脸不换枕巾等于没洗脸。因为枕套直接与面部接触，容易沾上螨虫、灰尘、头皮屑等，很有必要定期换洗。

　　（4）痤疮性皮肤的护肤品选择

　　祛痘护肤品对轻度（Ⅰ级）痤疮、中度（Ⅱ级）痤疮有较好的护理、改善作用，也可以防止痤疮复发，同时对中度（Ⅲ级）、重度（Ⅳ级）痤疮起到辅助治疗作用。从产品成分来看，痤疮性皮肤使用的护肤品应该重点关注抗炎抑菌、溶解角质的成分及日常护理中的抑制油脂分泌的成分，同时应避免增加炎症或油脂分泌的产品成分（表4-6）。

表 4-6　痤疮性皮肤护理推荐与应避免的常用护肤品成分

类别	推荐成分	应避免成分
抗炎抑菌	茶多酚、辣椒素、青蒿挥发油、硫黄、甘草提取物、洋甘菊提取物、维生素 E、维生素 C、大豆异黄酮	丁基硬脂酸盐、可可粉、油酸癸酯、异丙基、异丙基棕榈酸盐、十四烷基豆蔻、棕榈酸酯辛基、薄荷油、桂皮油、椰子油、异丙基硬脂酸盐、异丙基豆蔻酸盐、荷荷巴油、十四烷基丙酸、硬脂酸辛酯
溶解角质	果酸、水杨酸、木瓜蛋白酶、菠萝蛋白酶、壬二酸、过氧化苯甲酰	
日常护理（抑制油脂分泌）	维生素 A 及其衍生物、维生素 C 及其衍生物、维生素 B_3、维生素 B_6、丹参提取物、知母提取物	

（5）通过医学手段改善痤疮

除了用护肤品进行护理外，痤疮作为一种皮肤疾病，离不开医学手段的介入。痤疮初级即粉刺阶段可以采用"针清"的方式将痤疮扼杀在摇篮中，痤疮比较严重时，即中度（Ⅲ级）及重度（Ⅳ级）时，则必须寻求皮肤科医生帮助，千万不可自行用药。下面给大家介绍针清粉刺、药物治疗痤疮、医学美容技术手段改善痤疮三种医学手段，同时列出国内专家达成共识的《痤疮治疗方案》以供参考。

A. 针清粉刺。针清是一种对痤疮进行清理的常见方法。简单来说，就是用器械去除粉刺顶部或者扩大粉刺的开口，然后把堵塞住毛孔的皮脂和其他物质排出，属于"用器械挤痤疮"（图 4-9）。

并非所有的痤疮类型都适合针清疗法，如果痤疮处于白头粉刺或黑头粉刺阶段时，可以尝试针清。而对于炎症性的丘疹、脓疱、结节和囊肿，使用针清可能会加剧感染，导致局部炎症加重，很有可能留下顽固痘印。

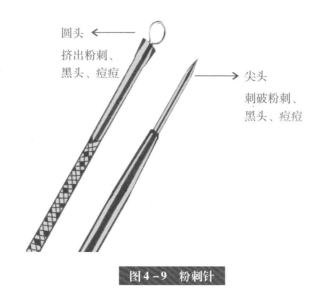

圆头 ←
挤出粉刺、
黑头、痘痘

尖头
刺破粉刺、
黑头、痘痘

图4-9　粉刺针

针清的具体操作步骤见表4-7。

表4-7　针清具体操作步骤

步骤	操作方法
材料准备	准备2根粉刺针、1瓶75%的消毒酒精、适量洗面奶和化妆棉
面部准备	用洗面奶清洁皮肤，然后用化妆棉擦干面部的水分
前置消毒	给粉刺针和即将进行针清的皮肤部位进行消毒
针刺痤疮	用粉刺针尖头轻轻挑开角栓和毛囊口的粘连，注意操作时要小心精准
痤疮清理	从皮损下方小心地压迫皮损。将内容物从毛孔里挤出。一般痤疮顶部"被切开"后，只需适度的压力，内容物很容易被挤出来，如果不易挤出，应该停止该操作
创口消毒	将切开的部位再次使用酒精消毒，然后外擦10%过氧化苯甲酰溶液或乳膏，避免创口被感染

针清结束之后，该部位的皮肤比较脆弱，需要注意加强补水、注意防晒，同时在饮食上也要特别注意，避免辛辣刺激和感光性食物（如芹菜、韭菜、香菜等）。

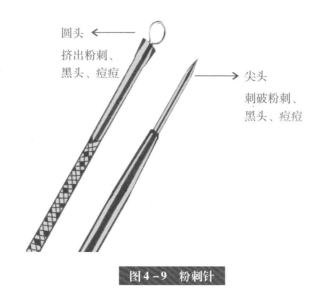第四章　问题皮肤的护理

"挤痤疮"看似简单，但其操作具有一定的技术要求，要求动作规范、操作熟练，应尽量由受过专业训练的人士进行操作。有些痤疮部位在视觉盲区，有些闭口粉刺位于皮肤的深层，其操作难度较大，建议去专业机构进行针清治疗；一般医院也设置有专门的粉刺清除治疗项目，建议有需要时可前去咨询。

痤疮可以用手挤吗

很多有痤疮经历的人，常常因为忍受不了脸上痤疮的困扰，而用手去挤它，以为这样就可以消灭痤疮。但很多医生都在告诫：不能用手去挤痤疮！原因是什么呢？因为每个人的双手都是细菌的"大本营"，一旦你用手将痤疮挤破，细菌就会从破口长驱直入，使皮肤炎症加剧，甚至演化成毛囊炎。

用手挤痤疮还会引起更严重的后果，特别是面部三角区的痤疮更加要引起重视。"危险三角区"（图4-10）是以人的鼻梁骨根部为顶点，两侧口角的连线为底边的一个等腰三角形区域。这个部位有不少血管可以直通大脑，一旦发生细菌感染，挤压感染处后由于压力反作用可能使细菌反向流入颅内血管，引发败血症。

图4-10 面部"危险三角区"

B. 药物。除了选择有效的抗痘类产品，药物在痤疮的治疗中发挥着重要作用。对于严重的痤疮，主要通过药物进行治疗。药物一般分为外用药物及内服药物。必须再次强调，患者不可擅自用药，一定要寻求皮肤科医生的帮助，遵照医嘱使用药物。

外用药物包括抗生素类、过氧化苯甲酰和维A酸类。抗生素类包括夫西地酸、红霉素、克林霉素、林可霉素等，这些抗生素药物一般都是直接涂抹在患处。目前国内应用较多的是克林霉素、夫西地酸，其中夫西地酸相比于上述其他三种药物，其抗菌谱更宽、效力更强，因此较建议使用。

过氧化苯甲酰商品名叫"斑赛"，具有杀菌、消炎、角质溶解和轻微的抑制皮脂分泌的作用，可用于中度痤疮局部治疗，夜晚使用可降低刺激性及光敏风险。需注意的是，皮肤有急性炎症和破溃者禁用。

维A酸类包括维A酸、阿达帕林、他扎罗汀，该类药物可通过抑制皮脂分泌和减少细胞过度增殖发挥抗粉刺作用，是治疗痤疮的核心药物之一。但该类药物也有副作用，使用初期的皮肤刺激症状较明显，如干燥、脱屑、红斑及刺痛，耐受后这些症状会逐渐消失。皮肤偏敏感人群的皮肤耐受性差，一般不建议使用。

内服药物包括抗生素类、抗雄激素类和异维A酸。抗生素类常用的有多西环素和米诺环素，具有杀菌消炎作用，配合外用药物使用，能发挥更好的作用。该类药物服用后的主要副作用是可能会引起肠胃不适、头晕和光敏等，应在医生指导下使用。

抗雄激素类常用的包括口服避孕药、螺内酯、丹参片等，原理是通过拮抗雄激素来抑制皮脂分泌从而达到治疗痤疮的目的。该类药物应用于有避孕需求的女性痤疮患者，不应单纯长期依赖此药物治疗痤疮。

异维A酸可减少皮脂分泌、减轻痤疮皮损和瘢痕，主要用于治疗严重的顽固性痤疮。同外用维A酸类药物一样，该类药物可能会造成皮肤干燥、脱皮、发红、刺痛等，需要做好日常保湿、修复等护理工作，以防止皮肤敏感。

C. 医学美容技术。在通过医学美容手段治疗痤疮方面，已经有许多技术成熟和效果不错的方式，可以根据实际情况，结合各种方法的优缺点进行选择（表4-8）。

果酸换肤是将高浓度的果酸用于皮肤，促使老化角质层脱落，加快角质细胞及少部分上层表皮细胞的更新速度，可以显著改善毛囊堵塞的状况，对闭合性粉刺和痘印的改善有着非常显著的功效。

红蓝光中蓝光的主要作用是激活痤疮丙酸杆菌代谢的内源性卟啉，从而导致细菌死亡。同时，蓝光还可以通过诱导细胞膜渗透性改变，使细胞膜内 pH 发生改变而抑制痤疮丙酸杆菌的增殖。另外，还可以抑制皮脂腺的油脂分泌，防止青春痘复发。红蓝光中红光的作用是抑制炎症，刺激真皮胶原合成、促进炎症发生后的修复，减轻痤疮瘢痕、祛除痘印。简而言之，红蓝光主要通过杀死痤疮丙酸杆菌来治疗痤疮，非常适合炎症丘疹、脓包患者。

光动力疗法（PDT）是通过使用特定波长的光激活卟啉，因此产生的单态氧聚集在皮脂腺，破坏细菌、减轻炎症及收缩毛孔，从而达到治疗作用。光动力疗法是一种新兴的治疗方法，对于严重性结节、囊肿型皮损有很大的改进和控制作用，是治疗重度痤疮（以结节、囊肿为主）最有效的治疗手段之一。

表 4-8　改善痤疮常见的医学美容技术

医美手段	作用	适用痤疮类型
果酸换肤	角质剥脱、疏通毛孔	粉刺（白头粉刺、黑头粉刺）
红蓝光	杀死面部痤疮丙酸杆菌	炎性丘疹、脓疱
光动力疗法	减少毛囊堵塞、减少皮脂分泌、杀死痤疮丙酸杆菌、抗炎	结节、囊肿

（6）痤疮治疗方案

针对痤疮问题，国内外无数专家学者进行了长期、大量的深入研究，我国痤疮治疗的专家们也给出了推荐治疗方案，他们列举的治疗方法都是有循证医学证据的（表 4-9）。

表 4-9　2019 年版中国痤疮患者推荐治疗方案

严重度	轻度（Ⅰ级）	中度（Ⅱ级）	中度（Ⅲ级）	重度（Ⅳ级）
临床表现	粉刺	炎性丘疹	丘疹、脓疱	结节、囊肿
一线选择	外用维 A 酸	外用维 A 酸＋过氧化苯甲酰＋／－外用抗生素，或过氧化苯甲酰＋外用抗生素	口服抗生素＋外用维 A 酸＋／－过氧化苯甲酰＋／－外用抗生素	口服异维 A 酸＋／－过氧化苯甲酰/外用抗生素。炎症反应强烈者可先口服抗生素＋过氧化苯甲酰/外用抗生素后，再口服异维 A 酸
二线选择	过氧化苯甲酰、壬二酸、果酸、中医药	口服抗生素＋外用维 A 酸＋／－过氧化苯甲酰＋／－外用抗生素、壬二酸、红蓝光、水杨酸或复合酸、中医药	口服异维 A 酸、红蓝光、光动力疗法、激光疗法、水杨酸或复合酸、中医药	口服抗生素＋外用维 A 酸＋／－过氧化苯甲酰、光动力疗法、系统用糖皮质激素（聚合性痤疮早期可以和口服异维 A 酸联合使用）、中医药
女性可选择	—	口服抗雄激素药物	口服抗雄激素药物	口服抗雄激素药物
维持治疗	—	外用维 A 酸＋／－过氧化苯甲酰		—

　　痤疮的治疗方案是根据痤疮的严重程度来进行相应治疗的，且所有类型的痤疮都会使用一些外用酸（维 A 酸类药物、果酸、水杨酸），中度（Ⅲ级）和重度（Ⅳ级）还需口服异维 A 酸。这是因为这些酸能够有效作用于痤疮的发病基础（微粉刺），也能有效治疗粉刺，丘疹、脓疱、结节、囊肿也都是在微粉刺的基础上发展、加重而成的。

　　表 4-9 的痤疮治疗方案中有推荐口服的药物，但很多痤疮性皮肤的人不愿意冒发生口服药物副作用的风险。虽然口服异维 A 酸的副作用多，但其大多数副作用是可逆的。在医生面诊、详细询问病史、吃药前做相应检查、吃药中做相应复查的前提下是可以使用的。目前，它被列为治疗重度（Ⅳ级）痤疮的一线选择药物，也是治疗痤疮最有效的药物。口服抗

生素也是如此，专业皮肤科医生会根据病情酌情使用，一般发生严重不良反应的概率较低。

对于如下患者应禁服或慎服维 A 酸类药物，服用此类药物前务必详细咨询皮肤科医生：

A. 1 年内打算怀孕的女性患者。

B. 育龄期未采取避孕措施的妇女。

C. 妊娠及哺乳期的女性。

D. 严重肝功能异常者。

E. 高血糖及高血脂患者。

痤疮的治疗目标不是"断根"，而是最大限度地减轻痤疮、减少复发，以及降低痤疮发生后遗留瘢痕的风险。青少年作为痤疮发病的"主力军"，最先做的应该是树立基本的护肤意识，这是关乎"面子"问题的基本功。在有意识地做好基础护肤"三部曲"（清洁、保湿、防晒）的同时，也应该保持良好的饮食和生活习惯，注意调节情绪，多做运动。如果痤疮"此起彼伏"的情况很严重，在校生应跟长辈沟通，获得理解和经济支持，积极治疗，不能放任不管；有经济条件者，也应理性护肤，不轻信未经证实和没有科学依据的护肤传言、民间偏方，而应相信科学，求助于专业人士，学会自己做判断，选择最佳的护肤与治疗方案。

色素性皮肤护理

很多女性的脸上或多或少都有一些斑点，她们在漫漫"下斑"路上苦苦"战斗"着。但往往尝试了各种方法，斑点依然"待你如初恋"，不离不弃地"守护"着你。

我们需要对它有一个正确的认知，了解它的来龙去脉，方可临"斑"不惧，从容应对，争取早点"下斑"。

不管是斑点还是斑块，通常简称为色斑。本书讨论的色斑主要指最常见的色素增多性色斑。

1. 色素性皮肤的定义与成因

（1）色素性皮肤源于色素在皮肤中的异常沉积

色斑也叫色素斑，是指人体皮肤局部性的色素增加。其形成的原因是生成的黑色素无法被正常代谢，在角质层中不均匀地堆积，从而造成局部皮肤颜色加深。由于色素斑表现明显，出现后一般不会自行消退，是生活美容中常见的一种损美性皮肤问题，给广大爱美人士带来了困扰，极大地影响了他们心理健康和正常生活。

色素性皮肤的角质层含水量、皮肤油脂含量均较少，透皮失水率增高。由于角质层含水量少，角质形成细胞发生功能受损和结构障碍，不能将黑色素及时、均匀地运送到表皮。色素性皮肤的典型表现如下。

A. 素颜情况下，皮肤长期处于蜡黄或暗沉状态。

B. 脸上有清晰可见的色斑，尤其是在两颊位置。

C. 在皮肤发生割伤、烧伤、擦伤或刮伤等损伤后，会留下色斑。

D. 皮肤损伤愈合后残留的色斑需要持续一段时间才能自行消退，有的甚至会持久不退。

E. 皮肤容易被晒黑，其中手背、胳膊和腿等阳光照射部位的皮肤更容易长出色斑。

F. 色斑的颜色在夏季会加深，在冬季则会变浅。

G. 大多数色斑与周围皮肤一样平坦，少数色斑摸起来感觉比周围的皮肤凸出。

（2）色斑是由黑色素的不均匀聚积所形成

人体皮肤的颜色主要取决于黑色素的含量与分布。一些色素性皮肤人群会有"一夜长出色斑"的错觉，而事实上，在看似"波澜不惊"的皮肤表层之下，一些黑色素正在加速生成，它们沉积已久、逐渐增多，当达到从量变到质变的临界点时，色斑显现。

黑色素是由表皮基底层的黑色素细胞产生的，当黑色素细胞受到如内分泌、遗传、疾病、紫外线、药物、化妆品、炎症等因素的刺激后，会促使加速黑色素生长的酪氨酸酶活性明显提高，氧化形成多巴和多巴醌，再经过一系列的化学反应而合成黑色素。

合成后的黑色素会按照黑色素细胞树突伸展的方向移动，当到达树突远端时，会脱离黑色素细胞进入角质形成细胞内部，按照角质形成细胞的运动轨迹逐层上移，最后到达角质层。若角质层中的黑色素均匀分布沉积，肤色将会变黑和暗沉，一般可随着老化角质的代谢脱落而逐渐变浅至与肤色一致；若黑色素在局部位置堆积，无法被正常代谢掉时，则会形成永久性色斑（图4-11），需要通过人为干预才能使其消失或得以一定程度的淡化。

色斑种类繁多，其形成原因也有所差别，可以说，任何影响黑色素活动的因素都有可能导致色斑的形成。总体而言，色斑的形成原因包括内分泌、遗传和疾病等内部因素，以及紫外线、药物、化妆品、炎症、外伤等外部因素。

A. 内分泌紊乱。女性在各个特殊时期受激素水平的变化，而容易诱发或加重色斑。尤其是促黑素细胞激素（MSH），它是调节黑色素合成的主要激素，会促进黑色素细胞的增殖和黑色素的合成。除此之外，女性在妊娠期间雌激素增加，会刺激黑色素细胞分泌更多的黑色素，孕激素会加快黑色素的转运和扩散速度，两种激素联合作用会引起妊娠斑。

B. 遗传因素。某些色斑（如雀斑）存在家族遗传性，一般从幼年就

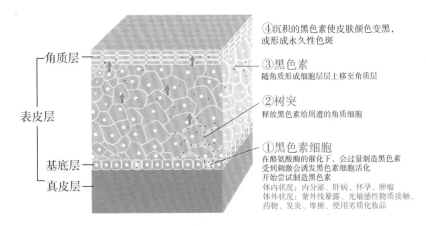

角质层

表皮层

基底层

真皮层

④沉积的黑色素使皮肤颜色变黑，
或形成永久性色斑

③黑色素
随角质层形成细胞层层上移至角质层

②树突
释放黑色素给周遭的角质细胞

①黑色素细胞
在酪氨酸酶的催化下，会过量制造黑色素
受到刺激会诱发黑色素细胞活化
开始尝试制造黑色素
体内状况：内分泌、肝病、怀孕、肿瘤
体外状况：紫外线暴露、光敏感性物质接触、
药物、发炎、摩擦、使用劣质化妆品

图 4-11　色斑的形成

开始有所显现，与父辈或母辈有同样的临床表现。

C. 基础疾病。色斑的产生与原发的基础疾病存在一定的联系，患有妇科病、肿瘤、肝肾功能不全、结核病、自身免疫性甲状腺病等疾病的人长斑的概率较高。

D. 紫外线。紫外线是诱发或加重色斑的重要因素，日光中的紫外线会增加体内自由基的产生，激发皮肤基底层中酪氨酸酶的活性，使照射部位的黑色素细胞加速产生黑色素，促进色斑生成。

E. 药物。长期服用某些药物也会引起色斑，如苯妥英、氯丙嗪、米诺环素等；另外，避孕药多由雌激素和孕激素配伍而成，口服后也能通过影响体内的激素水平而形成色斑。

F. 化妆品。化妆品作为爱美人士高频次使用的日常必需品，对皮肤的影响也很大，如果使用劣质化妆品，皮肤容易因为受到刺激而产生过敏或敏感，从而引起色素沉着；如果化妆品使用不当，则会伤害皮肤屏障，也会导致色素沉着的发生。

G. 炎症与外伤。皮肤在经历炎症与外伤后，其屏障功能受到一定程度的损伤，患处会失去或部分失去对酪氨酸酶活性的抑制，致使皮肤色加深。

此外，一些不健康的生活与饮食习惯也会导致皮肤暗沉，或促使皮肤长斑。例如，经常吃感光类食物或糖分较高的食物，经常熬夜甚至通宵熬夜，情绪长期处于愤怒、忧郁等消极状态。

2. 色素性皮肤的诊断

（1）常见的色斑类型

色斑的分类标准有很多，一般可根据黑色素所处的位置，分为表皮色素斑（如老年性色素斑）、真皮色素斑（如褐青斑）和表皮真皮色素斑（如黄褐斑）。也可根据色斑的遗传特性，分为遗传性色斑（如雀斑）与非遗传性色斑（如黄褐斑）。色素增多性色斑种类繁多，据统计大约有67种之多，本书对此不一一进行介绍，而会从中选择几种日常生活中大众关注度较高、发生概率较大的色斑进行介绍，分别是雀斑、黄褐斑、老年性色素斑、褐青斑和炎症后色素沉着。

A. 雀斑。雀斑（图4-12）是一种比较常见的遗传性色素沉着斑点，一般从儿童期开始出现，随着年龄的增长和紫外线暴露增加而加重。主要表现为圆形或卵圆形的点状褐色、棕色斑，多数情况下以鼻子为轴左右对称分布于面部，表面光滑、边界清楚、互不融合。

雀斑

图4-12　雀斑

这类色斑好发于两颊、下眼睑、鼻根部的位置，有时也会累及上眼睑、前额、鼻、口周，甚至分布于全面部，手背、肩部等日光暴露区域也有可能发生。雀斑受季节的影响，夏季日晒后雀斑颜色变深，冬季紫外线强度有所减弱时雀斑会变浅。除此之外，在妊娠期间雀斑的颜色容易受内分泌的影响而变深。

欧洲人对雀斑"恩宠有加"，认为雀斑有吸引力，是被上帝祝福的标志，甚至成了西方文化里的一种时尚。但在亚洲，雀斑却并不怎么受待见，密密麻麻的斑点时刻提醒着亚洲女性自己的面部不够干净，肤色不够白皙。

B. 黄褐斑。黄褐斑（图4-13）又称蝴蝶斑、肝斑、妊娠斑，是一种后天性色素沉着斑。多见于20～40岁的女性，该阶段正好处于频繁使用化妆品的年龄，容易受到化妆品的刺激及不正当护肤的影响，导致皮肤屏障损伤而产生黄褐斑。此外，体内的雌激素水平偏高也是女性易患黄褐斑的重要因素。

黄褐斑多表现为对称性的褐色或黄褐色的斑片，形状不规则，面积大小不定，也不会突出皮肤表面。主要分布于颧骨部位，有时也会出现在前额、口唇部、下颌骨的突出部位。

C. 老年性色素斑。老年性色素斑（图4-14）就是我们日常所说的"老年斑"，常见于中老年群体，是一种主要由衰老和日晒引起的面部色斑，同时也是脂溢性角化皮肤病的初期表现。这类色斑多发于面部和四肢，一般来说侧面会比正面稍多一些。

黄褐斑

图 4 - 13　黄褐斑

单发性（平坦）

多发性（隆起）

图 4 - 14　老年性色素斑

老年性色素斑与周边正常的皮肤组织有明显的界线，早期呈褐色，并有逐渐加深的趋势，有扩大倾向，但速度较为缓慢，还存在十年以上都没有发生大小变化的情况。老年斑既有单发性的也有多发性的，且厚度从平坦到高出皮肤表面数毫米不等，有时轻度刺激就会引起皮肤炎症而出现红肿。

D. 褐青斑。褐青斑又称褐青色痣、获得性太田痣，与前述的三种色斑有所不同的是，其表现为真皮浅层黑色素细胞增多，属于真皮色素斑。该色斑的发病机制虽尚未明确，但多认为是家族遗传与周围环境共同影响形成的，斑点主要呈灰色、灰褐色或深褐色，呈为小斑性（点状）或弥漫性（片状），多数是两侧对称，少数为单侧性。此色斑好发于颧骨突出部、下眼睑处、鼻根部、鼻翼处、太阳穴至上睑外侧和前额外侧六个部位（图4-15）。

前额外侧（弥漫性）

太阳穴至上睑外侧（小斑性）

颧骨突出部（小斑性）

鼻根部（弥漫性）

下眼睑（弥漫性）
鼻翼（小斑性）

图4-15　褐青色痣的六个好发部位

在早期，褐青色痣是作为太田痣的一种亚型，但在临床治疗中发现，患者大多处于20岁以上的年龄段，且该色斑没有像太田痣一样累及上颚和眼球，少数有家族性特征，故被认为是一种与太田痣不同的独立色斑。

E. 炎症后色素沉着。在皮肤损伤的愈合阶段，患处的皮肤多数会有全部或部分出现褐色色素沉着的情况。这是因为受损的皮肤会充血发炎，而炎症因子增多致使黑色素细胞活跃，使黑色素产生增多，并与死亡的红细胞形成的血色素沉着混合物，从而共同组成了炎症后色素沉着。

新鲜的炎症区呈红色，以炎症所致血管扩张为主，时间久了之后就变为褐色，以黑色素为主。一般情况下，炎症性色素沉着可以慢慢消退，但是如果时间久了黑色素进入真皮层，则会持久不退，难以消除。

色素沉着的程度与皮肤损伤的严重程度有一定关系，如果遭受深度的烧伤或擦伤，炎症较重且持续时间较长，色素沉着便会较严重。炎症后色素沉着的发生在生活中非常普遍，常见的炎症后色素沉着包括蚊虫叮咬后留下的斑点、痤疮消退后留下的痘印等。

（2）诊断要点

色素性皮肤的表现较为明显，一旦存在局部颜色深于周边皮肤的症状，都属于皮肤色素沉着的范畴。由于色素性皮肤类型繁多，因此在判断上也存在一定的难度。但仍旧可以通过问卷评估法、综合诊断法和专业仪器诊断法等方式，对皮肤色素沉着程度和色斑类型进行自主诊断，以使日后的皮肤护理能更有针对性。

A. 问卷评估法。如果想知道自己的皮肤是否有色素沉着的倾向，完成以下的色素性（pigmented）皮肤测试题目，便可知晓答案，并了解其所属程度。

色素性（pigmented）皮肤测试

填写说明：请根据你当下的皮肤实际状况作答，在最合适的选项上画"√"。若某些情形很难判断，请根据题目描述再试验一次，以最大程度反映皮肤的真实状态。

（1）相对于同种族的人，你的肤色____（请多收集别人的评价）。

A. 浅于大部分人肤色

B. 处于中等肤色

C. 略深于大部分人的肤色

D. 较深于大部分人的肤色

（2）皮肤受伤或者长痘后，瘢痕的颜色是____？

A. 不会留下瘢痕

B. 红色，一段时间后自然消退到与周围皮肤颜色相差无几

C. 红色，一段时间后变成褐色，再过几周慢慢消失

D. 红色，较快时间转变为褐色，几个月都无法消失

（3）在阳光照射下，你脸上的斑点会变得更明显吗？

A. 我没有斑点

B. 不确定

C. 有轻微的变深

D. 变深很多

E. 我每天都涂防晒霜，我几乎不在太阳下（注：如果你一直用防晒霜是因为你怕会有黑斑或者雀斑，请选 D）

（4）几个月内当你第一次被暴晒的时候（如刚入春或入夏），你的皮肤有什么感觉？

A. 灼热

B. 发热后变黑

C. 直接变黑

D. 我的皮肤颜色已经很深了，我也分不清这样是否会让其变得更深

（5）脸部、前胸、后背或手臂这些部位是否有或者曾经有小的棕色斑点（雀斑或晒斑）？

A. 没有

B. 有一些，不超过5个

C. 有许多，5～15个

D. 有很多，15个以上

（6）你的面部皮肤曾经有色素沉积或有浅棕色、深棕色、灰色斑点？

A. 没有

B. 有一次，但后来消失了

C. 是的，情况不严重

D. 是的，情况很严重

选A得1分，B得2分，C得3分，D得4分，E得2.5分。

你的得分：_____。

评估结果说明：

☞ 17＜得分≤24，为重度色素沉着皮肤，可参照本节色素性皮肤的护理方式进行护理，也可以考虑专业手段去除色素沉积。

☞ 11＜得分≤17，为轻度色素沉着皮肤，可参照本节色素性皮肤的护理方式进行护理。

☞ 6≤得分≤11，为非色素沉着皮肤，可参照正常皮肤护理流程进行护理。

B. 综合诊断法。综合诊断法主要是指通过面部皮肤呈现的色素沉着症状，结合与肌肤有联系的相关信息，参照各种因素进行色素沉着诊断的方法。以下从肌表症状和肌肤相关史两个维度进行介绍。

细心观察肌表症状。具体可以从色斑所在的部位、形状、大小、颜色、边界及分布特性等着手。观察面部色斑所分布的部位，是在前额、两颊、鼻根或鼻翼处，还是整个面部都有。观察面部色斑所呈现的形状大小，形状有圆形、类圆形或蝴蝶形等，大小为米粒或黄豆般。观察面部色斑所呈现的颜色，常见的有褐色、棕色、黄褐色、灰色、灰褐色、深褐色和红色等。观察面部色斑与周围皮肤存在的边缘界限，是模糊不清还是清晰分明的，是与周围皮肤一样平坦的，还是明显高于周围皮肤组织。观察面部色斑所呈现的分布特性，比如，只在脸部单一侧面发生还是两边侧面

都有发生，脸颊部位的分布是否有对称性，是散在的还是相互融合的，等等。

询问肌肤相关史。了解那些可能会密切影响肌肤色素性沉着的相关接触与经历，典型的相关史包括皮肤护理习惯、饮食及作息规律、特殊环境、家人类似症状的色斑、疾病治疗史或长期口服某种药物等。

皮肤护理习惯。可以回忆早晚护肤的具体过程，通过自查清洁频次、敷面膜的频次和去角质频次等，判断是否存在过度护肤而形成色斑的可能。

饮食及作息规律。当体内维生素 A 缺乏时，会减少其对酪氨酸酶的抑制作用而产生色素沉着；维生素 C 缺乏则会减弱其对黑色素代谢中间产物的还原作用，从而产生色素沉着。此外睡眠不足、作息不规律会使皮肤细胞的新陈代谢放缓，也会导致身体内部的激素产生变化，从而产生色素沉着。

特殊的环境。在生活或工作中有接触如沥青、煤焦油等物质的经历极易使皮肤产生色素沉着，而处于如妊娠期、经期等激素水平明显变化的特殊阶段，也会容易诱发或加重面部色斑。

家人有类似症状的色斑。部分色斑具有常染色体显性遗传的特点，大家熟知的雀斑就是家族遗传性色素斑点的典型代表。

疾病治疗史或长期口服某种药物。如长期使用安眠药或避孕药，会导致体内激素水平失衡而引发色斑。当不规范地使用某些药物治疗皮炎、痤疮等皮肤问题时，也容易致皮肤屏障受损而诱发或加重皮肤的色素沉着。如果曾接受过医学美容手术的治疗，但术后疏于皮肤护理和防晒，也易引起皮肤色素沉着。

各类常见色斑的简要查询、对照、比较和诊断见表 4 – 10。

表 4－10　常见色斑类型的自诊对照

诊断维度	雀斑	黄褐斑	老年性色素斑	褐青斑	炎症后色素沉着
主要成因	家族遗传	皮肤屏障受损、激素水平失衡	衰老与日晒	家族遗传与环境因素	皮肤炎症、外部损伤
常见人群	从学龄期开始出现，随年龄增长有加重趋势	多见于 20 ~ 40 岁的女性	中老年群体	多见于 20 岁以上的人群	皮肤发生急性或慢性炎症反应的人群
主要分布部位	两颊、下眼睑和鼻根部	颧骨部位	面部和四肢	颧骨突出部、下眼睑处、鼻根部、鼻翼处、太阳穴至上睑外侧及前额外侧	炎症区域
可能累及部位	上眼睑、前额、鼻、口周、手背或肩背部	前额、口唇部或下颌部的突出部位	—	—	—
形状大小	点状、圆形或类圆形	片状、面积不定，形状不规则	—	点状或片状	点状或片状
颜色	褐色或棕色	褐色或黄褐色	早期呈褐色，有加深趋势	灰褐色、灰褐色或深褐色	红色或褐色

续上表

诊断维度	雀斑	黄褐斑	老年性色素斑	褐青斑	炎症后色素沉着
主要特点	表面光滑、边界清楚，互不相容；多数情况下以鼻子为轴线左右对称	呈对称性分布，边界清晰，且不会突出表面	厚度从平坦到高出皮肤数毫米不等；一般侧面比正面稍多一些；有缓慢扩大倾向，也有长期大小不变的情况；单发性或多发性均有可能	多数为两侧对称，少数为单侧，不随时间推移发生变化；不会累及上颌和眼球	红色炎症区消退较快，褐色炎症区消退较慢，甚至持久不消退；皮肤损伤程度越严重且持续时间越长，色素沉着就越严重

需要提醒的是，由于大多数人不具备基本的医学知识，在实际运用中会不可避免地受到医学理论水平低、对色斑类型认识不全等限制，使其在自我诊断中容易出现错误。因此，当发现存在色斑显现或倾向时，建议寻求专业人士或皮肤科医生的帮助，为色斑做出专业的诊断及提供针对性的治疗方案。

C. 专业仪器诊断法。一些专业的肌肤检测仪器，能通过经拍摄采集到的面部图像获取皮肤的色素参数和日光损伤参数，不仅可以对已经暴露在皮肤表面的问题进行诊断，还可以检测到皮肤内部积累的黑色素分布位置与面积大小等。有些仪器能够预测黑色素聚积位置的皮肤在未来 2 ～ 5 年内自然条件下的发展影像，对色斑的针对性预防和改善提供了数据参考。但是，由于采用该种专业仪器检测和诊断的费用一般较高，设备的后期维护与修理事宜也较为复杂，该方法通常在医学机构、医院和皮肤管理机构等场所使用。

3. 色素性皮肤的护理

冰冻三尺，非一日之寒。色斑的形成有一个较长期的过程，而色斑护理改善的效果也并非短时间就能显现。因此，很多人就对色斑护理失去了信心，陷入了既"随波逐流"又心有不甘的两难境地。因此，从色斑的形成机理和特性来看，我们强烈建议在色斑尚未形成前，就要注重色斑的预防性护理；而色斑显现出来以后，要有"打持久战"的心理准备和足够的耐心，通过科学的护肤方式逐渐改善色斑状况。

对色斑进行预防性护理，即通过抑制与防止皮肤内的黑色素的异常增多，使黑色素的形成与代谢维持在一个相对平衡的状态，从而有效减少皮肤色素沉着和色斑产生的风险。色斑的预防性护理可以从以下三个方面入手。

A. 做好日常基础护肤，将保湿与防晒放在首位。首先，皮肤如果得不到足够的保湿，长期呈现干燥状态，会影响护肤品中抗氧化剂、美白等营养成分的渗透，也会进一步影响细胞的新陈代谢功能，使得皮肤愈发粗糙和暗沉，并使黑色素的局部聚积增加，加重色斑表现。此外，紫外线是色斑的诱因及加重因素，因此无论是晴天还是阴天，都应对紫外线"严防死守"，避免皮肤直接暴露在紫外线中。

B. 治疗基础疾病。这是预防色斑的关键。面部皮肤的外在呈现与身体的健康状况是相互关联的，如肿瘤、月经不调、痛经、盆腔炎和卵巢囊肿等疾病都可能成为诱发色斑的因素之一。

C. 避免可能产生色斑的人为因素。导致色斑产生的人为因素有长期口服避孕药、安眠药等，日常使用质量不过关的化妆品，或者存在护肤方法不当的行为。

前述三条建议可以为有效预防色斑提供帮助，但当色斑已经产生时，使色斑消除或显著淡化就是一件费时费力、考验耐性的长期工程了。具体该如何做呢？

（1）色素性皮肤的淡斑护理

对于已经有色斑的人群而言，淡化斑点已经成为他们心心念念、亟待解决的皮肤护理需求。但需求越迫切，越讲究速效，就越有可能出现相反的效果。淡斑护理有两大禁忌：一是急功近利，越是没有形成科学的淡斑护理观念，就越容易在"七天美白"等广告语面前失去理性的辨别能力，就越有可能长期与激素脸"作伴"；二是"照搬照抄"，当你看到旁人取得很好的淡斑效果时，不先对自身皮肤做相应的验证和分析，就把整套的护肤方法和护肤品通过"简单拷贝"的方式，在自己的皮肤上重做一遍，这样长期使用下来，不仅看不到效果，反而可能使色素沉着更严重。

色斑的淡化主要是通过产品中的美白成分起作用。有些洁面产品中会添加美白成分，但由于洁面产品在脸上停留的时间较短，且需要用水将其冲洗掉，能发挥的美白作用甚微。所以，在使用具有美白功能的洁面产品时，应将皮肤清洗洁净作为主要准则，不要过度追求其美白效果。如果为了快速去除脸上的斑点，在使用洁面产品时出现过度清洁、过度去角质等状况，就得不偿失了。

保湿产品在脸部皮肤停留的时间较长，因此，在保湿产品中适当添加美白成分，有利于其被充分吸收，能更加有效地发挥美白淡斑的功效。常见的有美白功效的成分有熊果苷、曲酸、壬二酸、氨甲环酸、甘草黄酮和维生素A等。市场上常见的淡斑护肤品为淡斑霜，该类产品的核心成分有两种：一为阻断黑色素生成以及转运的美白剂（如烟酰胺、绿茶提取物等），二是剥脱剂（如果酸、水杨酸等）。使用该类具有淡斑美白功效的保湿护肤品时，可以选择只在色斑位置，或者在整个脸部按正常护理流程使用。局部使用还是全脸使用的主要判别标准是添加于该护肤品中的美白成分浓度，以及皮肤本身的耐受程度。

淡斑美白护肤品中所含的视黄醇等少数有效成分，易在阳光下分解，从而减少或失去成分本身的作用，致使其美白功能在一定程度上失效。因此，要注意日间的防晒。对于因角质层受损而引起的色斑，应当按照防晒"ABC"原则做好相应的全套防晒措施。

（2）色素性皮肤的日常护理

各类基础皮肤都有色素沉着的可能。葛西健一郎在《色斑的治疗》中表示，色素沉着与肤质存在密切而复杂的联系。一般来说，干性皮肤的水油含量少，会使皮肤的新陈代谢速度变得缓慢，影响黑色素的代谢速度，形成雀斑、黄褐斑和老年性色素斑的可能性更高；油性皮肤的水油含量多，易产生痤疮等皮肤问题，部分痤疮在治愈后容易留下痘印；混合性皮肤 T 区为油性、U 区为中性或干性，脸部会有同时并存两种不同的色素沉着的可能性或典型表现。因此，对于各类基础类型的皮肤来讲，做好日常的基础护理工作，使皮肤保持健康状态至关重要，可以有效防止其向色素性皮肤转变。

对于已经出现色斑的色素性皮肤来说，其日常护理也非常重要，能有效防止色斑进一步发展，或者在一定程度上改善与减轻色斑症状。色素性皮肤日常护理时的产品选择、使用方法和频次等操作，原则上按照基础皮肤类型进行。但是，如果想改善与减轻色斑症状，则建议选择含有酪氨酸酶抑制剂（如熊果苷、氨甲环酸等）的化妆水、精华、面膜或乳霜等保湿产品，有利于皮肤减少黑色素的过量生成；以及含有维生素 C、维生素 E 及其相关衍生物的产品，该类成分具有还原黑色素氧化的功效。

对于美白需求高者，建议在室内也要涂抹适量的防晒系数为 SPF 15、PA＋的防晒产品，或使用具有一定防晒成分的保湿日霜，以防止 UVA 穿透玻璃到达皮肤真皮层，从而使皮肤现有的美白状态得以维持。

（3）色素性皮肤的护肤品选择

色素性皮肤人群选择护肤品时需要关注两个点。其一，产品本身是否拥有实际的美白功效，主要从护肤品成分进行分析。美白护肤品在发展初期，主要通过遮盖的方式（如氧化锌、二氧化钛等成分），使皮肤表层达到更加白的表观特性，而斑点本身却没有实质性地变白和淡化。随着科技进步，已经发现很多美白成分可以有效地抑制酪氨酸酶的活性，阻止黑色素的转运及扩散，加快已生成的黑色素的脱落速度，使色斑得以淡化。其二，产品本身是否适合皮肤本身的肤质，这主要从肌肤的水油平衡状态进行分析。例如，油性的色素性皮肤，如一年四季使用厚重的美白保湿霜，则不可避免地会在美白之路上遇到持续不断的油腻、痤疮和留下痘印等问题。

为便于对有效淡斑成分进行识别和选择，以及尽可能避免用到使色斑加重的成分，表4-11整理了色素性皮肤推荐使用和避免使用的常见成分，以供参考。

表4-11 色素性皮肤推荐与应避免使用的常见成分

类别	推荐成分	避免成分
淡斑护理	熊果苷、曲酸、壬二酸、氨甲环酸、甘草黄酮、维生素A及其衍生物、甘草提取物、桑树提取物、芦荟提取物	黑生麻、啤酒花、西洋牡荆、佛手甘油、染料木黄酮、红三叶草、白果、雌二醇
日常护理	果酸、水杨酸、荷荷巴油、蓖麻油、维生素C及其衍生物、维生素E及其衍生物、氧化锌、二氧化钛、奥克立林	

有一个问题是所有淡斑人士都关心的：淡斑产品需要使用多久才能产生效果？从理论上讲，黑色素由基底层到达角质层的运输时间一般需要28天（一个新陈代谢周期），因此，通过使用护肤品进行淡斑护理，其效果一般需要1个月才开始出现，但这种变化是细微的，甚至不是肉眼所能感知到的。淡斑是一个考验耐心、需要坚持的长期工程，一般需要持续3个月以上，才会发生肉眼可感知的效果。对于一些宣称只需要1～2个月就能发生明显美白淡斑效果的产品，则一定要加强警惕，求证产品中是否添加了激素或汞等危险成分。

（4）医学手段改善色斑

随着医学科技的进步，改善色斑的方式也变得更为多样化。除了通过淡斑护理使色斑得以改善外，还可以使用药物和医学美容技术进行祛斑。尤其对于淡斑周期较长的重度色素性皮肤，或想更快看到淡斑效果的人而言，通过医学手段进行祛斑更加具有诱惑性。但是，速效也可能伴随着一定的风险，因此，具体选择哪种方式，还需要权衡利弊，谨慎地进行选择适合自己的祛斑方案。

A. 药物。一些"顽固"色斑可以通过口服或外用药物的方式进行消除，常用药物如口服氨甲环酸、外涂氢醌乳膏等，以及一些含曲酸、壬二酸、果酸、维A酸等成分的药物。与其他色斑相比，长期坚持口服氨甲环酸治疗黄褐斑的效果更明显，对炎症后色素沉着也有一定的改善作用。

色斑治疗与黑色素所处的位置紧密关联，因此，具体的治疗方法和药物使用也需要结合使用者的实际情况而定，而不能简单照搬旁人的治疗方案用于自己的皮肤上。即使是同一类型的色斑，改善效果也会因个体差异而有所不同。

药物可能对皮肤存在一定的刺激性，在使用药物治疗色斑的过程中，建议搭配使用具有抗敏功效的保湿护肤，以降低药物对皮肤的刺激性，减轻对皮肤屏障的损伤。待停用药物后，再使用具有美白功效的保湿护肤品，以避免过度使用护肤品。

B. 医学美容技术。近些年来，医学美容技术发展迅速，成为消费者关注的祛斑美白方式之一。常见的祛斑类医学美容技术有光子治疗（即强脉冲光）、激光治疗和化学剥脱治疗等。光子治疗和激光治疗是利用黑色素对光的吸收性，使含有黑色素的组织迅速发生变性坏死以达到祛斑效果；化学剥脱治疗是利用化学药物腐蚀表皮，使病变皮肤坏死脱落而达到祛斑美白的目的。

一般来说，光子治疗、激光治疗及化学剥脱治疗对祛除雀斑的效果均较好。在黄褐斑治疗中，激光治疗对部分人的效果较好。需要注意的是，在激光或光子治疗时，需要防止治疗后发生炎症性色素沉着。对于老年性色素斑，除了激光治疗外，光子治疗也是皮肤科医生常使用的治疗技术之一。

尽管这些医学美容技术取得效果的速度比护肤品和药物更快，但其不足的一面仍需引起充分重视：一是利用医美技术治疗往往需要进行多次，费用一般较高；二是为保证得到好的治疗效果，需要花费较多时间进行信息的收集和对比，并且其治疗效果有赖于治疗机构的正规性、操作人员的专业性，否则治疗失败的风险就较大；三是即使治疗过程顺利，如果治疗后没有高度重视防晒和皮肤护理，反而会导致术后皮肤出现色素沉着，使再次修复的时间长、费用高，对工作与生活造成影响。

美　肤　说

色斑的组合治疗

　　色斑消除并非只能采取一种治疗方式。由于面部的色斑往往不止一种，有可能会出现两种及以上色斑的合并，这就使色斑祛除和淡化的治疗变得更加复杂。单一的祛斑方式，不一定对所有色斑都产生效果。

　　以褐青色痣合并黄褐斑为例，治疗上一般采用多种方式：首先是口服氨甲环酸，然后再通过激光治疗，通常能取得较好的效果。如果直接采用激光治疗，反而有可能会产生色素沉着，并不能得到很好的治疗效果。

　　因此，在治疗色斑时需要提防各类色斑合并出现的情形，根据不同症状采取具有针对性的组合治疗，才能安全、有效地祛除色斑。

衰老性皮肤护理

　　从出生那一刻开始，生命就像是一个陀螺，不停地在旋转，而时间也在不经意间流逝了。有一句歌词是这样唱的：我能想到最浪漫的事，就是和你一起慢慢变老。但是，随着年龄的增长、岁月的侵蚀，容颜也会逐渐发生变化。岁月催人老，看着自己逐渐老去，是一件残忍的事情。

　　尽管如此，我们发现每个人的衰老速度是不一样的。同样的年龄，有些人的容颜看起来还焕发着青春的活力，有些人却已经皱纹满面，这跟护肤习惯有很大关系。衰老虽不可阻挡，但确实可以通过科学的护肤方式进行延缓。

　　对于很多女性来说，30 岁是一道特殊的分界线，意味着抗衰的开始。其实这种观念并不完全对，科学研究表明，自 25 岁开始皮肤的生理机能就开始走下坡路了，其中最明显的就是自我修复能力的降低。因此，抗衰护理应及早重视，及早进行，才能使脸部的"青春期"得以最大限度的延长。

　　1. 衰老性皮肤的定义与成因

　　（1）衰老是一种不可逆的生物现象

　　衰老又称老化，通常指生物发育成熟后，机体的结构和功能随着年龄的增加而逐渐衰退，是一种不可逆的生物现象。皮肤作为人体最大且最直观可见的器官，其老化是机体老化中极其重要的一部分。由于前期皮肤护理不当，以及皮肤正常老化而具有明显的衰老特征，就形成了衰老性皮肤。衰老性皮肤受到表皮、真皮和皮下组织各层的内部结构变化的影响，因而集合了皮肤干燥、粗糙、暗沉、色斑、弹性差、松弛和皱纹等多种特征。

衰老的形成受到多种因素与机理运行的影响。随着年龄增长，角质层中存在的天然保湿因子含量逐渐减少，皮肤经表皮失水率增加，水合能力不足，从而导致细胞皱缩，细小的皱纹也会随着皮肤干燥而出现。受到皮肤汗腺和皮脂腺等皮肤附属器官数量减少、功能不全等因素的影响，皮肤表面的皮脂膜难以维持原有的质和量，其保湿能力下降，对外部物质的抵抗力减弱，皮肤也会逐渐变得粗糙、脱屑，容易引发敏感症状。

一般 30 岁以后，皮肤基底层的黑色素细胞开始减少，每 10 年减少 10%～20%。残余的黑色素细胞会发生功能代偿性肥大或细胞活力增强，导致出现深浅不一的色素斑。皮肤在缺乏水分时对光的反射和透射力也会下降，致使皮肤暗沉、无光泽，皮肤颜色不均匀。

真皮层的胶原纤维占皮肤干重的 70%～80%，是维持皮肤组织丰盈的重要成分，而弹性纤维具有很强的伸缩性和弹性，是维系皮肤弹性的重要结构。一般人体在 25 岁以后，胶原纤维流失的速度就开始加快，生成供给的速度不及损耗。当胶原纤维的含量下降或弹性纤维变性后，皮肤丰盈度及弹性减弱，导致皮肤变得松弛或形成皱纹。此外，皮肤真皮中的水分也会因为流失而无法为表皮补充足够水分，使皮肤变得更加干燥。

同时，皮下组织的皮下脂肪细胞会随着年龄增长而减少，导致真皮网状层中的胶原纤维、弹性纤维和筋膜的纤维性小梁失去支撑，加上重力作用的影响，从而出现皱纹与松弛现象。

在衰老性皮肤的众多典型表现中，皱纹是其中主要的标志，因为直接可观、特征明显而成为爱美人士进行皮肤护理时的重点关注对象。皮肤的皱纹有多种，在专业上可分为细纹和皱纹。细纹通常是跟表皮的含水量直接相关，是在表皮水分暂时性缺失下出现的细小纹路；除细纹外，其他的都可视为皱纹的范畴，包括皮肤的正常褶皱、面部皮肤松弛下垂形成的褶皱，以及肌肉运动反复牵拉而形成的褶皱。由肌肉运动导致的皱纹也称之为"表情纹"或"动态纹"，如果表情纹在前期长期得不到足够的护理，就会经历由浅到深的逐渐变化的过程，最后变成面无表情也清晰可见的"静态纹"。

皱纹也可根据在面部出现的位置而命名，常见的有抬头纹、川字纹（也叫眉间纹）、鱼尾纹、眼周纹、法令纹、木偶纹、唇上纹、口周纹和颈纹等（图 4-16），一般其出现部位的顺序依次为前额、上下眼睑、眼外眦、耳前区、颊、颈部、下颌、口周。

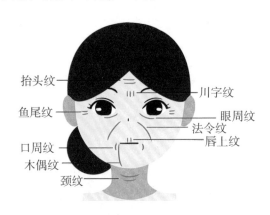

图4-16　面部皱纹分布

（2）皮肤衰老分为自然老化和光老化

由于遗传等内源性因素及日照等外源性因素的影响，会形成衰老程度的个体差异，让一些人看上去比平均老化水平略显年轻，而另一些人看上去则显得更老。根据促使皮肤老化的因素，一般可将其分为皮肤的自然老化和光老化。

皮肤的自然老化（图4-17）是一种由于遗传、地心引力、机体重要器官的生理功能减退等不可抗拒因素引起的皮肤内在各个层次的衰老。在皮肤自然老化的初期，皮肤从外观上看起来松弛，伴随有细小的皱纹，还会时常有干燥感；在秋冬季节，伴有明显的脱屑现象。皮肤进入自然老化期，皮肤屏障的修复能力相应减弱。

25岁　　　　35岁　　　　45岁　　　　55岁

图4-17　皮肤的自然老化

皮肤的光老化是由紫外线导致的一种皮肤慢性损伤，是在皮肤自然老化的基础上叠加了紫外线积累的光损害所致的老化变化。由于紫外线辐射是外界环境因素（除紫外线外，还有吸烟、高温、寒冷和接触有害化学物质等）中导致皮肤老化的主要因素，所以通常把这些外在的影响因素都叫作皮肤的光老化，与自然老化不同的是，对于光老化，我们是可以采取措施进行防护的，且防护做得越全面，效果越好。

美国皮肤科学会的研究表明，80%的皮肤衰老是紫外线（光老化）引起的。要想直观地感受紫外线辐射给皮肤带来的伤害，可以看右侧这幅单侧光老化图片（图4-18）。这是英国媒体2012年发布在《新英格兰医学杂志》上的一张照片，图中是一名69岁的货车司机，25年长期驾车致使他大部分时间面向太阳的左脸光老化程度严重，出现明显的皮肤增厚与粗深的皱纹。

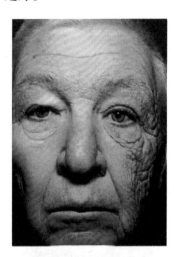

图4-18 单侧光老化

除了前述的外界环境因素外，习惯性摸脸、爱皱眉、不吃水果蔬菜、化妆后不卸妆和缺乏运动等不良的生活习惯和护肤习惯也会加速皮肤衰老。

尽管皮肤的自然老化和光老化特征经常是叠加重合的，很难将二者进行准确的区分，但其在年龄、发生原因和影响因素等方面皆有明显的不同，其区别可对预防皮肤提前老化提供指导意义（表4-12）。

表4-12 皮肤自然老化和光老化的区别

区别点	自然老化	光老化
发生年龄	成年以后开始，逐渐发展	儿童时期开始，逐渐发展
发生原因	固有性，机体老化的一部分	光照，主要是紫外线辐射
影响因素	机体健康水平，营养状况	职业因素，户外活动
影响范围	全身性、普遍性	局限于光照部位
皮肤厚度	皮肤变薄	无变化或变厚

续上表

区别点	自然老化	光老化
皮肤颜色	变化不明显	肤色不均，常伴有色素沉着
皱纹类型	以细小皱纹为主	以粗大皱纹为主，皮肤呈类皮革样外观
发生机制	皮肤各个层次的萎缩	慢性皮肤损伤，有异常且无效的增生反应
是否可以预防	否	是

2. 衰老性皮肤的诊断

很多人对衰老性皮肤存在误解，认为只有人到老年的皮肤才是衰老性皮肤。其实在跨入老年之前，每个人的皮肤就已经存在各种皮肤老化的明显特征或潜在趋势了，而有些老化特征一旦出现就很难通过护理予以消除，因此，抗衰老要趁早。想知道自己的皮肤是否已经进入衰老性皮肤的行列，或是否存在即将进入衰老性皮肤的表面征象，可以通过以下的问卷评估法、综合诊断法及专业仪器测试等方法进行诊断，为皮肤的后续护理提供参考。

（1）问卷评估法

如果想知道自己的皮肤是否已进入老化阶段，就请完成以下的衰老性（wrinkled）皮肤测试题目，便可知晓答案，并能了解其所属程度。

衰老性皮肤（wrinkled）测试

填写说明：请根据你当下的皮肤实际状况作答，在最合适的选项上画"√"。若某些情形很难判断，请根据题目描述再试验一次，以最大程度反映皮肤的真实状态。

（1）你的脸上有皱纹吗？

A. 没有，即使在笑、皱眉或抬眉时也没有

B. 只有当我微笑、皱眉、抬眉时才有

C. 在做表情时有，不做表情的时候也有一些

D. 皱纹一直都有，即使在我不笑、不皱眉或抬眉时

（2）现在平躺下来用镜子观察面部皮肤，会发现____？

A. 无变化

B. 有变化，但不明显

C. 感觉脸型会有些许变化

D. 脸型与站立状态有明显变化

（3）根据你居住地区的气候特点，你所受到的日照时间大致是多少？

A. 很少，我大多居住在灰色和阴暗的地方

B. 有一些，我住在比较阴暗的地方，但是有时也会住在有正常阳光的地方

C. 比较适中，我住在阳光比较适中的地方

D. 很多，我住在热带、南方或是阳关很充足的地方

（4）你使用防晒产品的习惯？

A. 经常使用防晒产品，在有明显阳光的时候会使用硬防晒手段，如使用帽子、墨镜、太阳伞等

B. 只在夏天阳光较强的时候使用防晒产品，偶尔使用硬防晒手段

C. 很少，也很少采取硬防晒手段遮挡阳光

D. 从不防晒，总是暴露在阳光下

（5）你是否有抽烟习惯，或者能接触二手烟？

A. 从不抽烟，也从未接触过二手烟

B. 不抽烟，有时接触二手烟

C. 有抽烟习惯，每天不超过 10 支

D. 每天抽烟超过 10 支

（6）别人对你的外观评价为____。

A. 较同龄人年轻 1 ～ 5 岁

B. 和大部分同龄人差不多

C. 较同龄人年长 1 ～ 5 岁

D. 较同龄人年长 5 岁以上

E. 别人没有评价过我的外观

选 A 得 1 分，B 得 2 分，C 得 3 分，D 得 4 分，E 得 2.5 分。

你的得分：_____。

评估结果说明：

☞ 19 < 得分 ≤24，为重度皮肤老化，可参照衰老性皮肤的护理方式护理皮肤，同时有必要可以采取专业除皱手段。

☞ 14 < 得分 ≤19，为中度皮肤老化，可参照衰老性皮肤的护理方式护理

皮肤。

    ☞ 9＜得分≤14，为轻度皮肤老化，可参照衰老性皮肤的护理方式护理皮肤。

    ☞ 6≤得分≤9，为正常皮肤，无老化情况出现，可以参照正常皮肤护理程序，加强对紫外线的防护。

（2）观察法

衰老性皮肤的症状较为明显，因此可使用观察法进行诊断。具体可通过以下五个维度进行判别：

A. 皮肤颜色。衰老性皮肤的颜色普遍较为暗沉、缺乏光泽，存在不规则的色素沉着或与色素相关的皮肤病，如黄褐斑、老年性色素斑和脂溢性角化病等。

B. 皮肤弹性。衰老性皮肤其胶原纤维、弹性纤维和皮下脂肪含量减少，或出现不同程度的变性，因此，皮肤的紧实性和弹性会降低，甚至已出现明显可见的皮肤松弛状态。当用手按压时，皮肤不能马上恢复原状。一般经常日照区域的皮肤与被遮盖区域的皮肤相比，具有明显的弹性差别。

C. 皮肤皱纹。衰老性皮肤因其胶原纤维和弹性纤维结构发生变化、皮下脂肪缺失，造成皮肤凹陷，是皱纹形成的主要原因。当面部皮肤出现细小皱纹，或者细纹变多与变深，或者做完夸张表情后表情纹还是一样明显，说明皮肤已经进入加速老化的阶段。

D. 皮肤湿度。衰老性皮肤的水分含量减少，皮肤变得干燥，用手触摸时会有粗糙感。中度或重度干燥的衰老性皮肤人群，在秋冬季或干燥环境会发生明显的脱屑现象，在换季时容易引发过敏。

E. 皮肤恢复期长。衰老性皮肤的各项正常生理功能在逐渐降低，因此其皮肤状态不稳定，若出现皮肤屏障受损、产生炎症或遭受擦伤等外部伤害时，修复和愈合的时间会比以往更长；如果被晒黑，相较之前也很难再白回来；出现痤疮时，如果不细心护理，留下的痘印也会变得越来越难消退了。

（3）专业仪器诊断

常见的用于衰老性皮肤诊断的专业仪器有活性皮肤表面分析系统、皮肤皱纹测试仪、人体皮肤快速光学成像系统等，通过这些仪器可以得到皮肤粗糙度、皱纹等参数及相关数据。在实际应用中，此方法可用于治疗前后皮肤变化情况的量化比较。

3. 衰老性皮肤的护理

（1）衰老性皮肤的预防性护理

一直以来，人类都希望能找到一种行之有效的方式来对抗皮肤的老化，使皮肤长期保持年轻状态。但实际上，每个人都是自然规律的"囚徒"。虽然我们无法对抗自然老化，但幸运的是，通过科学护肤的方式，我们可以有效预防和护理改善由紫外线辐射、环境污染等外源性因素造成的皮肤光老化。如果能持之以恒地做好皮肤前期的预防性抗衰护理，跑赢时间，冻龄生长，那么长期使皮肤保持在年轻健康的状态，是完全有可能的。以下总结了三条预防皮肤老化的有力措施。

A. 将防晒放在日常皮肤护理的首要位置，结合使用多种防晒方式。紫外线会增加皮肤内部活性氧的含量，损害人体的角质形成细胞、成纤维细胞等，使其生命活动减弱，并促使可以分解胶原纤维和弹性纤维的生物酶形成，加速皮肤自然老化的速度，造成皮肤干燥、松弛、出现皱纹，严重的还会引发皮肤癌变。

除了松弛和皱纹外，我们所能想到的皮肤问题，几乎都与紫外线有关联，如红血丝、色斑等，每当我们在没有防护下多接受一次日光照射，就等于向衰老多迈进了一步，因此，我们需要有强烈的防晒意识，并付出实际行动，将软防晒与硬防晒结合使用。

B. 抗氧化是抗衰老的关键，在日常饮食中要做到抗氧化。随着年龄增长，人体抗氧化系统的能力逐渐降低。另外，外界的紫外线辐射、化学物质等因素引起皮肤大量生成活性氧自由基，远远超过机体自身抗氧化系统的降解能力，会导致机体代谢紊乱，加速皮肤衰老过程。在生活中，我们可以通过饮食的方式来维系皮肤的抗氧化能力。常见的抗氧化类蔬菜有羽衣甘蓝、芥蓝菜、萝卜、番茄和西兰花等；抗氧化类水果有蓝莓、葡萄、石榴和苹果等；其他的抗氧化类食物有坚果、深海鱼和绿茶等。

C. 养成规律的作息习惯。充足的睡眠可以保证皮肤细胞的正常更新，使其行使正常的功能。经常熬夜、过度劳累及失眠会使皮肤的新陈代谢受到影响，也会使血液循环相应变慢，导致皮肤得不到正常的修复和养护从而变得暗淡并发生老化。

近年来，"糖化致皮肤老化"的观点越来越受到人们的关注与认同，当机体内存在过剩的糖分子，其就会在血液中到处"流浪"。游离的糖分子可以在没有酶作用的情况下与蛋白质结合，发生化学反应形成高级糖基化终末产物（AGEs），会导致胶原纤维和弹性纤维发生降解，同时吸收更多的紫外线辐射，产生更多的自由基，形成导致皮肤衰老的恶性循环。因此，我们需要有均衡的饮食搭配，限制糖类的过多摄入。此外，也应当减少烧烤、烘焙类和油炸类食品的摄入，因为该类食品本身已含有 AGEs，进入血液循环中可直接减少化学合成步骤，诱导自由基产生。

（2）衰老性皮肤的抗衰护理

当完成衰老性皮肤测试（W 型皮肤测试）后，你就会知晓自己的皮肤是否老化及老化的程度，这将为衰老性皮肤的护理和改善提供很好的护理指导。一般情况下，轻度和中度老化的皱纹以细纹和动态纹居多，可使用抗衰类护肤品进行护理，通过抗氧化、促进细胞增殖与代谢两大作用机制来改善皮肤暗沉、松弛和皱纹等衰老现象。如果中度老化的皱纹进一步加深、加粗成为静态纹，或皱纹发展至又深又粗，则护肤品能够起到的抗衰作用较为微弱，此时要想获得明显的改善效果，则需要到医院或正规的医学美容机构寻求帮助。通过医学美容手段进行治疗后，可以使用有特殊功效的保湿产品加快皮肤修复速度。

抗氧化。此处所指的抗氧化与预防性抗衰护理的抗氧化有所不同，预防性护理的抗氧化主要通过饮食调理的方式来维持原有抗氧化系统的能力；而抗衰护理中的抗氧化主要是通过护肤品中的维生素类抗氧化剂和酶类抗氧化剂来加强机体抗氧化系统的能力，清除机体内部产生的过量自由基，维护机体免受伤害。抗衰护理中的抗氧化是通过对皮肤的外部养护实现的，常见的抗氧化剂有维生素 C、维生素 E、辅酶 Q10 和超氧化物歧化酶（superoxide dismutase，SOD）等。此外，抗氧化剂也是一种生物防晒剂，对紫外线辐射具有间接的防护作用，且该类成分具有致敏性低、刺激性小的优势，因此，使用含有抗氧化剂的防晒产品能够在很大程度上帮助皮肤抑制紫外线带来的氧化损伤。

促进细胞增殖、代谢。皮肤老化在细胞学上被称为细胞老化，老化的细胞增殖分化能力减弱、新陈代谢变慢，故可以通过刺激细胞的活性、增强细胞的分裂和增殖，加快表皮角质细胞脱落速度的方式，达到改善皮肤皱纹、延缓皮肤衰老的效果。常见的可以刺激细胞活性、促进细胞增殖和代谢功效的有表皮生长因子、成纤维细胞生长因子、角质形成细胞生长因子、β-葡聚糖、胶原蛋白肽和六肽等成分，以及水杨酸、果酸和木瓜蛋白酶等去角质成分。需要注意的是，衰老性皮肤的屏障功能较为脆弱，因此，通过去角质促进细胞新陈代谢的方式不能经常使用，使用频次可控制在 1 ～ 2 个月 1 次。

医学治疗后的修复。皮肤老化程度越高，护肤品发挥出来的抗衰作用也越弱，因此，对护肤品改善中度与重度衰老性皮肤的效果应该有一个合理期待值。在通过药物、医美技术等手段进行抗衰治疗时，会存在一定的刺激性，治疗后可能会带来干燥、瘙痒、疼痛和色素沉着等副作用，此时可以适当使用含有神经酰胺、角鲨烷等促进皮肤屏障修复的保湿护肤品，帮助皮肤进行修复。若治疗后皮肤有敏感倾向，则需要配合使用含有马齿苋、积雪草提取物等成分的护肤品消除皮肤炎症。

(3) 衰老性皮肤的日常护理

由于衰老性皮肤的油脂分泌能力下降，所以洁面时间应略微缩短，力度要轻柔。洁面时用恒定范围的水温清洗脸部，一般以 35 ～38 ℃为宜。切记不能长期使用冷水和热水交替洗脸，避免引起皮肤敏感和加速皮肤衰老。

洁面使用的产品选择受到基础皮肤类型的影响而有所不同。若皮肤同时伴有敏感症状，则需要优先改善敏感问题，故在选择洁面产品时一定要远离碱性肥皂，且在更换新洁面产品前需要做过敏测试，具体的操作步骤可参考第二章"抗敏护肤品"。此外，可根据皮肤类型及状态，适度使用去角质产品，去角质可仅针对局部区域（面部 T 区），不一定要在全脸上进行。

干燥是皮肤衰老的重要特征。与以往皮肤状态相比，衰老性皮肤的水分和油脂含量有所减少，保湿能力不足，致使皮肤加速衰老。一般在洁面后，可立即使用含有润肤剂、吸湿剂等成分的保湿护肤品为皮肤进行水分补充与滋润，避免皮肤因过度干燥而引起损伤，使皮肤看起来显得健康、润泽，也能帮助皮肤抚平由表皮缺水而引起的细小纹路。此外，如果皮肤还出现明显的肤色不均、色素沉着，可挑选含有美白成分的保湿护肤品进行逐步改善。

大多数人都是在看到眼周的皱纹后才惊觉自己的皮肤在逐渐进入衰老

阶段。眼周的皮肤是人体最薄的，也是缺油、易干燥的主要皮肤区域，同时还是在化妆时被拉扯次数最多的皮肤部位。因此，在日常护理中，应选用不含油脂、含有适量维生素 E 等抗氧化成分的眼部护理产品（如眼部精华、眼霜、眼膜等），以防止水分流失，让皮肤在细心的呵护下保持紧实的状态。

虽然我们无法改变遗传和年龄增长带来的皮肤衰老问题，但有一个操作性强、省心省力的方法，可以最大限度地帮助皮肤延缓衰老，那就是防晒。防晒是预防皮肤光老化的最佳着力点，但却需要长期坚持才能收获良好的效果。如果能全面结合使用各种防晒方式和手段，就会发现，在人生的旅途中，你将成为时间亲密的朋友，你的皮肤与那些终日"直面"阳光的皮肤相比，显得更加紧致、年轻和富有青春活力。

（4）衰老性皮肤的护肤品选择

以防皱抗衰为目的的皮肤护理，其重点是阻止皮肤中的胶原蛋白、弹性纤维随着年龄增长和炎症发生而减少，因此，抗衰护肤品需要作用于真皮层才能达到最为理想的效果。表 4-13 整理了推荐使用的具有抗氧化功效、促进细胞增殖与代谢功效的活性成分，以及应避免使用的成分，以供参考。

表 4-13　衰老性皮肤护理推荐护肤品成分

类别	推荐成分	避免成分 （有敏感反应的人慎用）
抗氧化	维生素 A、维生素 C、维生素 E、辅酶 Q10、超氧化物歧化酶、芦丁、水飞蓟素、黄芩苷、千日菊提取物、羟丙基四氢吡喃三醇（玻色因）	维生素 A 及其衍生物、维生素 B_3（烟酰胺）、α-硫辛酸、二甲氨基乙醇、羟基乙酸、乳酸、苹果酸、柠檬酸、扁桃仁酸、酒石酸
促进细胞增殖、代谢	表皮生长因子、成纤维细胞生长因子、角质形成细胞生长因子、β-葡聚糖（酵母细胞提取物）、胶原蛋白肽、六肽	
日常护理	甘油、角鲨烷、透明质酸、丙二醇、氧化锌、二氧化钛、奥克立林、对氨基苯甲酸	

（5）医学手段改善皮肤老化

对于中度和重度衰老性皮肤人群而言，通过医学美容技术改善皮肤老化状况，其效果较为明显。同时，因为医美手段具有立竿见影的效果，而使其备受欢迎。

A. 药物。常见的用于抗衰治疗的药物有异维A酸、阿达帕林和他扎罗汀等，长时间外用这类药物可改善皮肤粗糙、细小皱纹、色素沉着和皮肤的总体外观。但是，这类药物也存在皮肤干燥、脱屑、瘙痒、发红和刺痛等不良反应，可能使皮肤变得较为敏感，因此不可代替抗衰老的日常皮肤护理。通过补充雌性激素或与其他激素联合使用的替代治疗的方法，也可以有效减少皮肤干燥和改善皱纹。除此之外，还可以口服含有维生素C、维生素E等抗氧化剂成分、胶原蛋白成分的营养品或保健食品，以增加皮肤滋润度，减轻衰老。

B. 医学美容技术。对于重度衰老性皮肤或者面部有较多静态纹的人群，要想解决皮肤衰老问题，单靠外用护肤品是不够的。市场上有许多专门除皱抗衰的医学美容手段，如注射及填充治疗、"线雕"、射频技术和化学剥脱等，可以帮助改善重度衰老问题。

注射及填充治疗适用于面部顽固皱纹，常见的有：使用肉毒杆菌毒素注射以消除由表情肌收缩而产生的面部皱纹，或利用如胶原蛋白、透明质酸等真皮成分使缺少真皮成分的皮肤在填充饱满后被撑开，从而减少面部皱纹。

"线雕"是直接采用植入胶原蛋白线的方式对肌肤进行提拉，从而改善皱纹、松弛等现象的一种美容手段。射频技术包括电波拉皮、黄金微针、热玛吉等，其原理是释放均匀的热量进入深层真皮，引起胶原收缩和胶原再生。化学剥脱是在面部皮肤外用果酸、水杨酸和三氯醋酸等化学试剂，利用皮肤的创伤修复机制来修复被破坏的皮肤，达到更新皮肤、改善老化的效果。

虽然医美手段因其疗效快、效果显著等特点广受欢迎，但是受仪器设备、从业者专业度、个人皮肤特性及后续护理情况等各项因素的影响，每个人的实际治疗效果有所不同，治疗后遗症也较为常见。比如，注射肉毒杆菌毒素后，注射部位会出现短时间的淤青，少部分人会出现暂时性眉毛不对称或眼睑下垂现象。此外，用这些手段改善皱纹也绝不是一劳永逸的，需要接受多次注射、治疗，且治疗完成后维持的时间一般为 6 ～ 12 个月，最多只有 2 年，且费用较为昂贵。因此，建议大家在选择前要权衡利弊，谨慎决定，以免得不偿失。

复合性问题皮肤护理

    敏感、痤疮、色斑和衰老是最为常见的几类皮肤问题，然而，这些问题往往并非单一存在，因受各种内外部因素影响，很多人的面部会同时存在多种皮肤问题。有些人既饱受皮肤敏感问题折磨，又为痤疮问题所困扰；有些人一方面正犯愁该如何解决色斑问题，另一方面又发现皱纹已经悄悄爬上了眼角；更为严重的是，有些人的面部会同时并存敏感、痤疮、色斑和衰老四类问题，使护肤"拯救战"演变成了一场大型而复杂的综合型"战役"。该从何处入手？将如何取得胜利？多种皮肤问题并存，将使皮肤的改善性护理变得更有难度。

    复合性问题皮肤是指面部同时存在两种及两种以上的皮肤问题。复合性皮肤问题相对于单一的皮肤问题来讲，其成因复杂度更高，护肤工作量更大，改善所需的时间也将更长。

1. 常见复合性问题皮肤划分

    前面已经介绍了四种常见的面部皮肤问题，当四种问题皮肤开始"走亲访友""相互串门"时，就会重新组合成复合性问题皮肤，使皮肤问题变得更加严重与复杂。由于复合性问题皮肤有很多的细分类别，为便于进一步区分命名和探讨，在此将构成复合性问题皮肤的四大问题皮肤的缩写列出：

    A. 敏感性（sensitive）皮肤——S。

    B. 痤疮性（acne）皮肤——A。

    C. 色素性（pigmented）皮肤——P。

    D. 衰老性（wrinkled）皮肤——W。

第四章　问题皮肤的护理

189

按照排列组合方式将四类问题皮肤进行复合，可得到 11 种不同的复合性问题皮肤。由两类问题皮肤形成的复合性问题皮肤共有 6 种，分别是"SA"（敏感性皮肤 + 痤疮性皮肤）、"SP"（敏感性皮肤 + 色素性皮肤）、"SW"（敏感性皮肤 + 衰老性皮肤）、"AP"（痤疮性皮肤 + 色素性皮肤）、"AW"（痤疮性皮肤 + 衰老性皮肤）、"PW"（色素性皮肤 + 衰老性皮肤）。

由三类问题皮肤形成的复合性问题皮肤共有 4 种，分别是"SAP"（敏感性皮肤 + 痤疮性皮肤 + 色素性皮肤）、"SAW"（敏感性皮肤 + 痤疮性皮肤 + 衰老性皮肤）、"SPW"（敏感性皮肤 + 色素性皮肤 + 衰老性皮肤）、"APW"（痤疮性皮肤 + 色素性皮肤 + 衰老性皮肤）。

由四类问题皮肤形成的复合性问题皮肤有 1 种，为"SAPW"（敏感性皮肤 + 痤疮性皮肤 + 色素性皮肤 + 衰老性皮肤）。

按照构成复合性问题皮肤的单一问题皮肤种类的多少，可以大致划分其轻重等级。由两类问题皮肤复合的属于轻度复合，相对而言比较好护理；由三类问题皮肤复合的属于中度复合，护理起来相对麻烦，复杂度和难度更高；由四类问题皮肤复合的属于重度复合，这也是最糟糕的一种皮肤状态，护理起来非常棘手。值得注意的是，由于某种问题皮肤的轻重程度不同，复合性问题皮肤的情况也变得复杂，需要根据实际情况加以辨别。

2. 复合性问题皮肤判断

判断自己属于哪一种复合性问题皮肤，相对于前述的单一问题皮肤而言，要略为复杂。

首先，应参照本章前述的各类问题皮肤的诊断要点，找到构成复合性问题皮肤的是哪几种单一问题皮肤。比较保守的做法是，可以将四种问题皮肤的诊断方法都尝试一下，以充分识别和做出判断，最后将诊断情况进行综合，即可知晓属于哪种复合性问题皮肤。比如，S 型皮肤（敏感性皮肤）测试结果是"中度皮肤敏感"，A 型皮肤（痤疮性皮肤）测试结果是"轻度痤疮皮肤"，P 型皮肤（色素性皮肤）测试结果是"非色素沉着皮肤"，W 型皮肤（衰老性皮肤）测试结果是"中度皮肤老化"，那么综合起来的具体复合性问题皮肤类型为 SAW 型皮肤。

其次，需要找到最主要的问题皮肤是哪种类型，以及严重程度和典型表现。这将影响到后续护理方案的有效性。一般来说，严重的问题具有紧急性，也就具有改善的优先性。相对而言，敏感、炎症及痤疮等问题的表现较为明显、突出，会被列为优先处理项。

此外，还要注意各种皮肤问题是否具有关联性。实际上，不同的问题皮肤之间存在着一定的内在联系，在判断时要注意观察这种联系性。比如，患有痤疮时也要注意自己是否存在肌肤敏感问题，出现色斑时是否也伴随着肌肤的提前老化。

3. 复合性问题皮肤护理

当确定具体属于哪种复合性问题皮肤后，接下来就要决定如何护理以进行有效改善。由于每个单一问题皮肤类型的护理已经在前文做了详细介绍，在此就不再赘述。但是，复合性问题皮肤的有效改善，还必须遵循一些原则性的意见，谨慎地确定优先项，制订科学、合理、全面和安全的皮肤护理方案，才能使复合性皮肤问题得以逐步解决。

（1）制订科学有序的改善性护理步骤

当面部同时存在多种皮肤问题，其首要原则便是制订科学有序的护理步骤，要将紧急的问题作为优先项，将见效快的问题作为优先项。有些人不分轻重缓急，简单粗暴地将所有功效性护肤品一股脑往面部堆，试图一次性解决所有问题，这种做法无异于打糊涂仗。

完整的皮肤屏障是健康皮肤的基础，科学研究及大量实践经验证明，优先解决皮肤的敏感问题，修复受损的皮肤屏障之后，再逐步解决痤疮、色斑、衰老等皮肤问题，效果会更好。如果敏感问题处理不当，就可能造成皮肤的屏障功能进一步损害，皮肤的锁水、防御和吸收营养等各项功能也会随之降低，容易引发痤疮；同时对紫外线的耐受性也减弱，更容易被晒伤、出现色素及皱纹等。因此，首先解决好敏感问题是重中之重。

然后应该将痤疮问题放在优先解决的位置。痤疮是一种毛囊皮脂腺的感染性炎症，如果处理不当会形成脓疱、结节甚至囊肿，不仅破坏皮肤正常屏障功能，也会直接影响面部美观和造成心理负担，对学习、事业或者择偶都会产生一定的影响。

相对于敏感和痤疮，色斑和衰老两种问题的紧急性不那么强，其皮肤护理的效果相对较慢，因此，其解决顺序可以适当靠后，在解决好敏感问题和痤疮问题后，再专门进行色斑和衰老护理。一定程度上，色斑对面部

第四章　问题皮肤的护理

美观度的影响大于衰老，且淡化色斑的效果比淡化皱纹的效果更快一些，而色斑与衰老也存在着一定的内在联系（如某些色斑本身就属于皮肤衰老的一种表现），因此，当两种皮肤问题同时存在时，建议优先解决色斑问题。

（2）局部改善可以见机行事

识别了复合性皮肤问题中最紧急的皮肤问题，并对其进行了针对性改善后，如果该皮肤问题得到了缓解、修复，并处于稳定的状况下，对于所存在的局部性皮肤问题，可以考虑使用一些功效性产品，如含有舒缓成分、消炎成分、美白成分、抗衰成分的产品。当然，在使用功效性产品进行局部改善时，应该小量、低频地进行测试，然后逐步增加至正常用量和频次，如果发现皮肤出现不耐受或者皮肤状态明显变差，则需要立即停止使用，必要时应咨询皮肤科医生。

（3）日常护理需要精简、适度、均衡

复合性问题皮肤依然需要进行日常护理，清洁、保湿、防晒基础护肤"三部曲"依然是非常重要且必不可少的。但是，复合性问题皮肤的日常护理不同于其他问题皮肤或者基础性皮肤类型，需要做到精简、适度和均衡，综合考虑到原来的基础肤质及存在的各种皮肤问题，同时要避免加重肌肤的负担。

复合性问题皮肤的日常护理应满足皮肤问题优先项的改善需要。如果以敏感问题最为紧急，此时就要按照敏感性皮肤的护理原则和要求来进行护理，选择成分最简单、最温和的产品，还要做好保湿帮助皮肤屏障修复，注意避开紫外线，尽量选择硬防晒的方式来做好防晒工作。当痤疮问题最为紧急时，相应的要按照痤疮性皮肤护理原则和要求进行护理，其核心就是要减少炎症、清洁要适度，保湿要做好，但是要避免含油的保湿品，以及重视防晒。

复合性问题皮肤的日常护理还应该考虑到同时并存的其他各种皮肤问题，以及所属的基础皮肤类型，要做到精简、适度和均衡，切忌过度求快（表4－14）。

表4-14 复合性问题皮肤护理指南概要

项目	构成复合性问题皮肤的单一类型			
	敏感性皮肤	痤疮性皮肤	色素性皮肤	衰老性皮肤
主要特点	不耐受，易刺激，干燥，紧绷，瘙痒，刺痛、灼热	有炎症，红，痛、痒	肤色不均匀，皮肤暗黄，粗糙、干燥	皮肤松弛，变薄、干燥，有皱纹
形成原因	因先天遗传或后天护肤不当等因素造成皮肤屏障受损，角质层变薄，皮肤耐受力下降，易受外界刺激	雄性激素水平升高等原因造成皮脂分泌旺盛，因造成皮脂分泌旺盛，毛孔堵塞从而引发痤疮	因先天遗传或后天多种因素刺激黑色素细胞分泌更多黑色素，造成色素沉淀，形成色斑	自然衰老（光老化），紫外线及糖化作用使真皮层中胶原纤维和弹性纤维受损、断裂，加速皮肤衰老
优先顺序	四者当中最为优先	优于色素性皮肤和衰老性皮肤	优先于衰老性皮肤	需要长期坚持
护理要点	修复皮肤屏障，维护角质层的保护功能	抑制皮脂腺分泌，减轻炎症	延缓、抑制黑色素合成	避免紫外线照射，抗氧化及糖化，补充体内胶原蛋白和弹性蛋白
清洁	选用低刺激性的氨基酸和葡萄糖苷成分的洁面乳，温水洗脸，手法要轻柔	选用泡沫较丰富的洁面产品，早晚温水洗脸	根据自身皮肤类型选择清洁产品	应选用保湿且油脂成分较多的洁面乳

续上表

构成复合性问题皮肤的单一类型

项目	敏感性皮肤	痤疮性皮肤	色素性皮肤	衰老性皮肤
保湿	干性敏感性皮肤应选用抗敏保湿乳或保湿霜；油性敏感性皮肤应选用控油保湿乳或保湿霜，每天2次，可适当使用保湿喷雾	适当使用含微量酒精或者弱酸成分的化妆水，再选择油分含量较低的保湿产品	选用含有美白成分、保湿力强的保湿产品，可每周敷2~3次美白面膜	选用含一定油分的保湿力强的保湿产品，每天2次
防晒	硬防晒+软防晒，选择温和、不刺激的防晒霜	硬防晒+软防晒，选择轻薄的防晒乳液	硬防晒+软防晒，温和乳液状或霜状防晒	硬防晒+软防晒，选择温和乳液状或霜状防晒
功能性产品成分	安抚、消炎、舒缓、镇定成分：洋甘菊、芦荟、积雪草、甜没药、尿囊素、金盏花萃取物、银杏萃取物、神经酰胺	抗炎、舒缓、祛痘成分：果酸、水杨酸、葡糖酸锌、辛酰水杨酸、壬二酸	抑制黑色素合成及促进黑色素脱落成分：熊果苷、曲酸、桑白皮提取物、光甘草定、苯乙基间苯二酚（377）、氨甲环酸	抗光老化及氧化、清除自由基成分：维生素B_3、维生素E、维生素B_6、维生素A
医美治疗	强脉冲光	果酸换肤、红蓝光、光动力疗法	果酸换肤、"Q开关"系列激光、强脉冲光、皮秒激光、水光针	注射肉毒杆菌毒素（神经毒素）、注射胶原蛋白、自体脂肪移植或填充玻尿酸、线雕技术、射频技术

第五章

护肤美学：
护肤是一种修行

护肤是否是必需的呢？这个问题并没有唯一的答案。对于一部分人来说，护肤仅仅是一种可有可无的事情；而对于相当一部分人来说，护肤却已经成为生活中不可缺少的必修课，晨起或睡前进行护肤，已经成为一种雷打不动的习惯；还有一部分人，已经将护肤作为品质生活的重要内涵，将护肤当一种修行方式，在护肤中体验生活、绽放美丽，不断完善自我，追求"真善美"的人生，将护肤上升为一种审美哲学。

护肤是一场修行

一日之计在于晨。一个愉快的早晨，很大程度上决定了一天的心情与状态。清晨起来，有人充满仪式感地拿出洗面奶，在手心搓出泡泡，带着泡泡的手在面部轻柔画圈，开始按程序进行一场精致而从容的护肤修行；有些人却粗暴地拧开自来水龙头，捧起一把冰凉的水往脸上一阵乱抹，再将挤出的洗面奶往面部随意揉搓，然后用力地用毛巾擦脸，就像在面部打了一场激烈的"歼灭战"。不用十年时间，我们就能看到两者之间在皮肤状态上面存在的巨大差异。

同样是出于对美的追求，护肤这件事却一千个人有一千种做法。以小见大，见微知著，护肤就像一面镜子，能反映出一个人在态度、个性、价值观等方面的特质。从这个角度来讲，护肤并不是一件简单的小事，而是认识自我、突破自我、完善自我、实现自我的一个途径，是人生修行的一个重要法门，是遇见更好的自己，使自己变得更加勇敢、自信和美丽的修道场。

护肤就像是在银行开设的一个美丽账户，你如何对待皮肤、如何进行护肤，在未来皮肤就呈现出什么状态。随着对护肤知识的理解、护肤手法的熟练，以及护肤习惯的养成，你会发现，自己也在随之改变，心情更加舒畅，心态更加积极，状态也越来越好，人生进入了良性循环。

然而，护肤需要长期坚持。临时抱佛脚，"冲动式护肤"虽然也能有所效果，但持续性的"间歇式护肤"只会让自己不断受到挫败。不得不说，现实中大部分护肤人士就是处于"间歇式护肤"状态。

护肤需要遵循正确的护肤之道。互联网时代存在太多的知识过载、信息泛滥现象，坊间有太多的人云亦云和未经证实的美容偏方，还有各种来自新媒体和社交平台的"神仙护肤品"。"效果佳""吸收快""三天见效"等宣传亮点使人目不暇接，常常让人"满怀期待而来又失望而归"。世上没有放之四海皆准的万全之策，尤其是护肤，其具有极强的个性化特征，正确的做法是遵循正确的护肤之道，一定要根据自己皮肤的实际状况，具有针对性地进行护肤。

护肤也需要因时而变，切忌一成不变。在人生的不同阶段，皮肤状况是不一样的；处于地理上的不同位置，气候环境也存在巨大差异；即使常年生活在同一地域，在不同的季节，其温差与天气也有所不同。种种的不同，都要求在护肤方式上做出调整，以做到针对性护肤，达到最佳的护肤效果。

第五章　护肤美学：护肤是一种修行

"一花五叶" 科学护肤方法论

只有树立正确的认知，坚持正确的护肤之道，才能到达护肤修行之路的彼岸。佛教修行所追求的是明心见性的"慧"，而护肤修行所追求的则是由内而外所展现出的"美"。

在佛教禅宗，有"一花开五叶，结果自然成"的说法，主要是指禅宗在中国的流传与发展。如果将护肤修行比喻成一枝花，其中通过产品进行护肤的护肤技法是大家最为关注的，是最为耀眼的花朵。但是，给花朵提供必要的养分、让花朵美丽绽放，还有五个重要的支持性因素，可以视为衬托花朵的五片叶子，分别是适宜环境、均衡饮食、规律作息、愉悦心情、健身运动。这就是护肤修行"五叶养一花，美丽自然成"的"一花五叶"科学护肤方法论（图5–1）。其中，"花"是主体，"叶"是衬托，花离开了叶的滋养无法怒放，叶离开了花也只是一副没有灵魂的躯体。花与叶彼此连接，共同作用，护肤修行之路也就自然能够开花结果。

1. 一花：科学的护肤技法

何为护肤？肤者，皮肤也。护者，有三层含义，一为保护，即保健康，保护皮肤免受外部不良环境侵害；二为养护，即养状态，意味着维护皮肤内在结构正常运转，修复皮肤亚健康状态，预防皮肤疾病发生等；三为呵护，即察变化，意味着长期给予皮肤关注，细心观察皮肤变化，动态调整护理方式。

因此，护肤是指通过某些方法、习惯来维护及改善皮肤状态，使皮肤长期维持在相对健康的状态的一种行为。日常生活中，很多人都会使用洗面奶、洁面膏等护肤品，很多的行为也都可以归为护肤，但大多处于

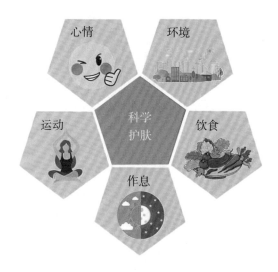

图5-1 "一花五叶"科学护肤模型

"会者很多、精者寥寥"的阶段。缺乏科学的护肤技法，很多时候的护肤是在产生负效果，反而给皮肤带来伤害。

护肤技法也并非万能，需要建立在正确的护肤基础知识之上，即护肤所要解决的是皮肤亚健康问题，而不能代替皮肤疾病的治疗。

了解皮肤结构，明确自己的基础皮肤类型，界定存在哪种皮肤问题，认识和正确选用护肤品，制订针对性的护肤方案和掌握科学的护肤技法，能够在很大程度上维持皮肤的健康状态，有效预防皮肤问题的产生，并在一定程度上解决或改善已经存在的皮肤问题。

2. 五叶之一：创造适宜的环境

外界环境对皮肤有着直接的影响。长期在室外工作的人，皮肤老化程度明显会快于室内工作者。长期生活在西北干旱地区的人，皮肤干燥、容易开裂，而相对来讲，南方人的皮肤出现开裂的情况会较少。一般重大的环境因素变化（如空气湿度、气温的改变）和各种极端环境条件都可引起皮肤状态的改变，造成皮肤的亚健康状态。

常见对皮肤有害的环境条件与因素有：强烈的阳光、极度干燥或潮湿的空气、高温或低温、强风、风沙、空气中的扬尘与污染物、长期电脑辐射、长期接触化学制剂等。受到自然条件的限制或职业所需，我们很难去改变气温、污染等宏观"大环境"，但是，我们却可以创造一个适宜于皮肤健康的局部"小环境"。首先，优先考虑尽量远离有破坏性因素的环境，脱离与该环境的接触。如果不能脱离接触，则要看是否能够在小范围内采取措施进行调整，如在干燥的空间内放置加湿器，增加空气中的水分；其次，应采取适当的防护措施，如使用遮阳伞、面罩、口罩等，避免皮肤在有害环境下的完全暴露。

3. 五叶之二：饮食应保持均衡

良好的营养与皮肤健康有直接的关系，人体所需的维生素及矿物质绝大部分直接来源于各类食物。因此，均衡饮食非常重要。但是，很多高糖、高脂、高热量的食物披着美食的外衣，日渐成为人们的饕餮大餐，在繁华背后却造成了营养的缺失与贫瘠。

过多食用糖和精制碳水化合物食物（如白米饭、面包和面食），会造成身体内的血糖水平变高。长期保持该状态，糖分子与蛋白质（包括皮肤中的胶原蛋白）永久结合，发生糖化反应，将从内部损害皮肤，使皮肤过早老化、缺乏弹性、产生皱纹。

长期以来，人们对于养成好皮肤与吃辣椒的关系有很深的误解。实际上，如果是中性皮肤，辣椒能促进血液循环，加快排汗，促进体内的激素分泌，有助于排除体内的代谢废物，从而改善皮肤状况。辣椒中富含维生素 C，能够有效抑制黑色素，使皮肤变得白皙；维生素 C 还能和蛋白质结合形成胶原蛋白，使皮肤变得更加光泽和富有弹性。但是，对于一些油性皮肤的人来说，吃辣椒会加剧皮肤出油的情况，加重毛孔堵塞的风险，所以使脸上更容易出痘，使得皮肤变差。因此，是否适合吃辣椒，要因人而异、因肤而异。

"三餐饮食规律，食物形式多样，营养摄取均衡"是营养学反复强调的基本规则。从护肤的角度来说，饮食要讲究清淡、多样和均衡，具体的建议如下。

A. 适量饮水。每天饮水量要达 1 200 mL。当人体水分减少时，会出现皮肤干燥，皮脂腺分泌减少，皮肤失去弹性，甚至出现皱纹。

B. 常吃富含维生素的食物。维生素有保持皮肤细腻滋润、防止皮肤衰老的重要作用。如维生素 A、维生素 B_2 可使皮肤光滑细腻。当人体缺乏维生素 A 时，皮肤就会变得干燥、粗糙、有鳞屑。富含维生素 A 的食物有动物肝脏、鱼肝油、牛奶、奶油、禽蛋及橙红色的蔬菜和水果。缺乏维生素 B_2 时会出现口角乳白、口唇皮肤开裂、脱屑及色素沉着。富含维生素 B_2 的食物有动物的肝、肾、心，以及蛋、奶、蔬菜等。

维生素 C 具有抗自由基、抗氧化、抗衰老的作用，能防止色素沉着。富含维生素 C 的食物有蔬菜及水果，如猕猴桃、樱桃、鲜枣、草莓，绿色蔬菜、番茄、红辣椒等。

维生素 E 有防止脂褐素沉着于皮肤的作用，含维生素 E 多的食物有冷榨植物油、深绿色蔬菜、蛋、牛奶、肝、麦及果仁等。

C. 多食含铁的食物。铁是构成血液中的血红素的主要成分之一，要使皮肤光滑红润，应多食含铁质的食物，如动物的肝脏、蛋黄、绿叶蔬菜等。

D. 多吃蔬菜和水果。蔬菜和水果在体内的最终代谢产物呈碱性，能中和体内因食用肉类所产生的酸性代谢物，维持体内的酸碱平衡。

4. 五叶之三：有规律的作息

好皮肤是睡出来的。"熬最深的夜，敷最贵的面膜"，长此以往，皮肤也很难保持健康状态。睡眠时，大脑皮层受到抑制，疲劳被逐步消除，精力慢慢得以恢复，而人体皮肤也在进行新陈代谢，不断产生新细胞以自我更新。因此，充足的睡眠是维护皮肤健康状态的重要和必要条件。

睡眠不足、睡眠质量欠佳、作息不规律等不健康的作息习惯，会导致多种皮肤问题。当睡眠不足时，皮肤的毛细血管瘀滞，循环受阻，影响新陈代谢，会加速皮肤老化，产生鱼尾纹。睡眠不足还会导致皮肤暗淡无光，产生黑眼圈，促使面部色斑的生成。若皮肤新陈代谢发生变化甚至紊乱，导致皮肤油脂分泌异常，容易引发痤疮。当皮肤不能得到充分的休养，会引发机能失调，容易导致皮肤干燥，甚至脱皮。

养成早睡早起的作息规律，按时睡觉。一般建议最佳的入睡时间是 22：00 左右，而最晚不应超过 23：00。现代医学研究表明，人体在 22：00 至凌晨 2：00 是新陈代谢最旺盛的时期，有利于精力的恢复。

有很多技巧能够帮助提高睡眠质量，比如，睡前洗一个舒服的热水澡，聆听喜欢的轻音乐，喝一杯热牛奶。当然，睡前也很适合护肤，能让心情更加平和顺畅，使人在轻松愉悦的状态下进入梦乡。

5. 五叶之四：运动健身

生命在于运动。定期和适度的运动可以促进新陈代谢，改善皮肤状况。运动时，人体的血液循环加速，令血液中的氧气及水分更有效地传送至皮肤细胞，令皮肤充满弹性和光泽，散发健康气息，使皮肤更加红润。运动时的大汗淋漓，能有效排泄毛孔内的污垢及多余的油脂，相当于天然疏通毛孔的方法。另外，运动时人体血液中的抗氧化剂明显提高，有助减少自由基，降低老化速度。科学研究证明，长期运动的人比同龄人显得更为年轻，也更加具有活力。

究竟哪一种运动的护肤效果比较好？很多人对此存有疑问。实际上，运动本身远远比运动方式更为重要，长跑、爬山、游泳、打球、跳绳、跳舞、转呼啦圈等，都是非常好的运动，并没有特别的优劣之分，可以根据自己的实际情况与偏好进行选择。当然，运动也应该长期坚持，间歇式的运动同样不会带来预期的健身成果，也很难产生明显的护肤效果。

6. 五叶之五：保持愉悦的心情

每个人都在受到情绪的影响。长期拥有愉悦的好心情，往往使人容光焕发；而当心情抑郁时，皮肤也会显得暗淡。在解剖和生理学中，每平方厘米的皮肤里就有 1 cm 长的神经，人的精神状态、心理变化和各种情绪反应经过神经传递，对皮肤状态产生着直接的影响。

当人感到高兴时，心情愉悦，大脑内神经调节物质乙酰胆碱分泌增多，血液通畅，皮下血管扩张，血液通向皮肤，使人容光焕发，神采奕奕，充满活力。所以，人们常说，处在热恋中的女人显得格外美丽。

人在过度紧张、情绪低落时，体内儿茶酚胺类物质释放过多，肾上腺素分泌增加，使动脉小血管收缩，供应皮肤的血液骤减，使人面色苍白或蜡黄；同时，可能会伴有血压升高、心慌头晕、手脚冰凉等生理现象。

如果一个人长期处于郁郁寡欢、焦虑烦闷的负面情绪中，会促使人体合成过多的黑色素沉积于皮肤表面，使皮肤变得灰暗无光泽，甚至形成黄褐斑。忧愁苦闷还会导致神经衰弱、失眠，影响皮肤血液供应，使面容憔悴，眼圈发黑。

有些人很容易发怒，在盛怒之后又会懊恼不已。在发怒时，皮脂腺分泌过多油脂，而懊悔时，皮脂腺发生闭塞。这种剧烈的情绪波动容易导致皮肤发炎，形成皮脂腺囊肿和寻常性痤疮。如果处理不当，会留下瘢痕。如果上述情况周而复始、恶性循环，就会导致顽固性痤疮形成。

由此可见，情绪变化对于人的皮肤健康影响很大。因此，应尽量保持心情舒畅，培养积极、乐观、健康的心态，主动调适情绪，不要被情绪牵着走，而要做情绪的主人。"笑一笑，十年少"，抱持"世界以痛吻我，我却报之以歌"的豁达心胸，常怀感恩之心，好心情也就自然常在了。

在进行问题性皮肤的护理改善时，如果做好上述五项支持性措施，将使护理改善效果得以明显加强。表 5 - 1 整理了常见的四类问题皮肤的五项支持性护理建议。

表5-1 四类问题皮肤的五类支持性护理建议

问题皮肤类型	环境		饮食		作息		运动		心情	
	宜	忌	宜	忌	宜	忌	宜	忌	宜	忌
敏感性皮肤	温和、适宜与舒适的温度与湿度	过冷（冬季室外）、过热（桑拿房）、温度骤变；空气干燥（空调房）	抗炎食物，如鸡蛋、鱼和冷沙拉等；富含维生素C的新鲜水果和蔬菜；补充烟酰胺，促进皮肤屏障修复；舒缓敏感的食物，如奶制品、肉类、豆类	高糖食物，如白米饭、面食、白糖、红糖、冰糖、巧克力、蛋糕等；冰激凌、刺激性食物，如酒、咖啡、醋、辛辣的调味品和腌肉	睡眠充足，作息规律，22:00前入睡，保证6～8小时高质量睡眠	熬夜，作息不规律	温和适度运动，如慢跑、快走、瑜伽等	剧烈运动，如快跑、打篮球、踢足球等	保持平和、愉悦等正面情绪	焦躁、抑郁、急功近利等负面情绪
痤疮性皮肤	干净卫生的居住环境，家居用品尤其是床上用品需定期更换、晾晒，一般每周更换1次，保持清洁、干燥；适宜的温度，夏季空调温度可调至26℃	多油烟环境，如厨房；多灰尘环境，如雾霾严重的北方、施工工地等；潮湿、高温环境	富含维生素A、维生素C及维生素B族的食物，如动物肝脏、深色绿叶菜、胡萝卜、蛋黄等，低糖水果，如柚子、橙子、柠檬、草莓、香蕉等	高糖食物，如白米饭、面食、白糖、红糖、巧克力、冰激凌、蛋糕等；高脂食物，如奶油、肥肉、猪油及一些油炸食品，如烧烤、腌制品；高油盐食品，如牛奶（尤其是脱脂牛奶）、酸奶、奶酪等；辛辣食物，如辣椒、川味火锅	睡眠充足，作息规律，22:00前入睡，保证6～8小时高质量睡眠	熬夜，作息不规律	每天坚持做较大幅度运动，如跑步、游泳、登山、健美操等	久坐不动；运动过度或不足	劳逸结合，保持平和、轻松、愉悦等正面情绪	压力过大、忧愁、抑郁等负面情绪

续上表

问题 皮肤类型	环境		饮食		作息		运动		心情	
	宜	忌	宜	忌	宜	忌	宜	忌	宜	忌
色素性皮肤	紫外线较弱的环境，如室内、室外阴凉处等	强紫外线的环境，如夏季室外、海边等；有尼古丁的环境	富含维生素C的食物，如枣、猕猴桃、刺梨、柑橘等新鲜水果及深色绿叶蔬菜；富含维生素E的食物，如坚果类、豆制品等食物	感光类食物，如韭菜、芹菜、香菜；深色食物，如酱油、咖啡	睡眠充足，作息规律，22:00前入睡，保证6～8小时高质量睡眠	熬夜，作息不规律	室内运动，如室内瑜伽、健美操、跑步机等	久坐不动；高紫外线下运动，如爬雪山、海上冲浪、滑雪等	保持平和、偷悦等正面情绪	生气、紧张、郁郁寡欢等负面情绪
衰老性皮肤	温和、适宜的温度与湿度；紫外线较弱的环境，如室内、室外阴凉处	有风、沙、冷、热等刺激的环境；强紫外线的环境；有尼古丁的环境	抗氧化食物，如葡萄、蓝莓、芥蓝、坚果、深海鱼、白菜、绿茶、红酒等；食物补充剂，如葡萄籽提取物等	高糖食物，如巧克力、冰激凌、蛋糕等；吸烟、饮酒等	睡眠充足，作息规律，22:00前入睡，保证6～8小时高质量睡眠	熬夜，作息不规律	室内运动，如室内瑜伽、健美操、跑步机等	久坐不动；高紫外线下运动，如爬雪山、海上冲浪、滑雪等	保持平和、偷悦等正面情绪	生气、紧张、郁郁寡欢、忧愁等负面情绪

护肤修行四句诀

崇尚美是人类的天性，但追求美的道路却并非一帆风顺，一不小心就会"踩雷入坑"。有没有一种简洁的方式，可以帮助我们在护肤道路中少走弯路呢？明朝心学大师、思想家王阳明曾经将一生学问概括为四句话，后人形象地称之为"心学四句教"。本书编者参照这种方式，根据本书的思想和重点内容，浓缩汇编成四句话，虽然并不能完全地涵盖本书所有的观念与方法论，但基本可以作为全书的框架性总结。为便于传播和解释，姑且称之为"护肤四句教"：

中干油混肤之型
洁补保防护之基
敏痘斑衰重调理
一花五叶需修行

1. "中干油混肤之型"

中性、干性、油性、混合性皮肤是本书中对皮肤基础类型的划分，而区分皮肤基础类型是正确选择护肤品、制订针对性护肤方案和进行科学护肤的第一个步骤。缺乏该基础，护肤并不能达到预期效果，甚至会产生"南辕北辙"的负效果。

2. "洁补保防护之基"

清洁、保湿（含补水）和防晒是日常基础护肤的三个重要内容，也是皮肤保持健康状态的护肤基础。为便于文字上的工整和对称，将其拓展为清洁、补水、保湿和防晒四个步骤，取其关键的动词合并简称为"洁、补、保、防"。日常基础护肤三部曲是所有类型的皮肤都需要的步骤，给护肤产品的研发提供了框架与种类基础。

3. "敏痘斑衰重调理"

敏感性皮肤、痤疮性皮肤（青春痘）、色素性皮肤（色斑）与衰老性皮肤是四种最常见的问题皮肤，是身体内部因素与外部环境多方面相互作用的结果。这四类问题皮肤难以产生速效，但又不能采取不管不顾、听之任之的态度，而应当树立正确的护肤观念，预防为主、内外结合、重在调理、长期坚持，只要方法得当，一定会使问题得以解决或有效改善。

4. "一花五叶需修行"

采取科学正确的护肤方法，可以使皮肤问题得到有效的改善。但是，皮肤作为人体最大的器官，皮肤健康的根本在于拥有健康的身体。基于产品的护肤技法，更多的是体现一种"外调"功夫，而要使皮肤持久保持健康年轻的状态，则要更加注意"内养"功夫。红花还需绿叶衬，花红叶绿，才能共同构成一枝完整、健康、美丽的鲜花。在护肤修行之路上，追求的是人生之美，修的却是每个人的内心之慧。只有真正的内外兼修、美慧兼得、表里如一，才是美丽人生的真义。

最后，祝大家的美丽修行之路，都有圆满的收获。

附　　录

附录见附表 1 至附表 3。

附表 1　常见护肤品成分及功效对照

成分名称	成分说明	功效
月桂醇聚醚硫酸酯钠	表面活性剂、起泡剂，刺激性较弱	清洁
月桂醇硫酸酯钠	常见的基础表面活性剂、起泡剂，常与月桂醇聚醚硫酸酯钠配合使用，以降低刺激性	清洁
氨基酸衍生类表面活性剂	比皂基温和，可以做成弱酸性体系，清洁力和对皮肤的友好度之间达到了较好的平衡，部分成分还有抗菌作用	清洁、抗炎
甜菜碱	既有表面活性剂作用，也可以吸湿和调理皮肤、帮助起泡	清洁、保湿
乙醇	可溶解很多物质，同时具有促渗、收敛作用。高浓度添加可能会刺激皮肤	保湿
甘油	经典保湿成分、水溶性保湿剂，刺激性低、效果好，配合透明质酸钠保湿效果更好	保湿

续上表

成分名称	成分说明	功效
透明质酸钠	明星保湿成分，是一种具有黏性的、透明如玻璃一样的物质，在真皮层具有保湿和保持皮肤弹性作用	保湿
丁二醇	常用的保湿剂，配合透明质酸钠，可取得很好的保湿效果	保湿
丙二醇	能与水任意混合，与化妆品成分有很好的相容性，可用作润肤、吸湿和软化剂，配合透明质酸钠，可取得很好的保湿效果	保湿
银耳多糖	提取自银耳的多糖类成分，具有优异的保湿性和安全性，肤感佳	保湿
凡士林	乳液、膏霜的主要成分，保湿封闭作用较强，质地较黏稠	保湿
矿物油	润滑性较好，具有保湿封闭作用	保湿
硅油	成分稳定，低刺激，具有良好的润肤和保湿功能	保湿
山梨醇	无臭、透明、有轻微甜味的吸湿剂	保湿
尿素	是皮肤天然代谢的产物，可以使角质层保持合适的水分含量，帮助打通细胞的水通道	保湿
角鲨烯	油脂类成分，人类皮脂腺也可以自行分泌，具有优良的铺展性和亲肤性	保湿
乳酸钠	天然保湿因子的成分之一，具有很强的吸水能力，刺激性低	保湿
蜂蜡	是一类固体油脂，刺激性低	保湿
橄榄油	榨取自橄榄果的天然油脂，含有油酸等成分，总体上是温和安全的	保湿

成分名称	成分说明	功效
氧化锌/二氧化钛	性质稳定，有较好的紫外线掩蔽作用，从 UVB 到 UVA 全面防护	防晒
芦荟	提取自芦荟叶肉，主要成分为芦荟多糖，可保湿、抗炎，并有一定抗菌性，能促进修复	保湿、抗炎
泛醇	有保湿、减轻皮肤刺激、舒缓、抗炎和止痒作用	保湿、抗炎、舒缓敏感
红没药醇	非常典型的抗炎、舒缓成分，提取自洋甘菊或者西洋蓍草，常用于抗敏、抗炎的产品中	抗炎、舒缓敏感
洋甘菊提取物	含有红没药醇、天蓝烃等抗炎、舒缓敏感成分，常用于敏感性皮肤和医美手术后护理产品中	抗炎、舒缓敏感
金盏花提取物	提取自金盏花的植物成分，有抗炎、舒缓作用，可用于敏感性皮肤和痤疮护理产品中	抗炎、舒缓敏感
马齿苋提取物	具有抗炎、减轻肌肤刺痛、促进肌肤修复的功效	抗炎、舒缓敏感
尿囊素	最早提取自紫草科植物的根，有抗炎、舒缓和促进伤口愈合的作用，对痤疮也有改善作用	抗炎、舒缓敏感
石榴提取物	含有大量多酚类物质，有抗氧化、收敛、抗炎等作用	抗炎、抗衰老
甘草酸二钾	著名的抗敏成分，是甘草提取物的衍生物，易溶于水，有较低的 pH，对油性皮肤也有帮助	舒缓敏感
神经酰胺	是皮肤生理性脂质的组成部分，可以维护皮肤屏障功能、促进受损皮肤屏障修复等	舒缓敏感

续上表

成分名称	成分说明	功效
积雪草	可抗氧化、促进蛋白再生、抑制水肿、缓解过敏等	舒缓敏感、抗衰老
葡糖酸锌	锌是一种对皮肤很重要的离子,具有抗炎、舒缓作用,也可能帮助抑制皮脂。葡糖酸锌常用于过敏、痤疮、敏感、特应性皮炎等皮肤问题适用的护肤品中	抗炎、舒缓、祛痘
水杨酸	具有镇痛、消炎、调节角质细胞增殖、抑菌等多种作用,有一定刺激性,孕妇避免使用。是痤疮护理产品的经典成分	祛痘、去角质
辛酰水杨酸	水杨酸的衍生物,具有更好的溶解性和渗透性,但渗透过快也可能会带来刺激感	祛痘
乳酸	保湿能力强,但高浓度会产生刺激作用,常用于保湿和促进角质细胞脱落,还应用于美白、抗粉刺配方中	祛痘、去角质、美白、保湿
果酸	最常用作角质松解剂,还可以促进真皮年轻化。在医学美容领域,高浓度的果酸用于换肤	祛痘、去角质、抗衰老
壬二酸	是一种美白成分,常见的浓度是20%,用于玫瑰痤疮等皮肤。一般情况下,皮肤对壬二酸具有很好的耐受性,常见的副作用有短暂性红斑、脱屑、瘙痒和灼烧感等刺激反应	祛痘、美白
桑白皮提取物	有非常强的美白作用,安全、温和	美白
光甘草定	是光果甘草的提取物,在不产生细胞毒性的条件下对酪氨酸酶的抑制率可达50%,已证明比氢醌的抑制能力高	美白
苯乙基间苯二酚(377)	抑制酪氨酸酶的作用,可减少黑色素的合成,达到美白效果	美白

续上表

成分名称	成分说明	功效
氨甲环酸	具有止血作用的美白成分，常用于黄褐斑皮肤的护理	美白
熊果苷	提取自植物熊果的有效美白成分，在体内转化成氢醌后发挥作用，具有可靠的美白效果，安全性也较佳	美白
曲酸	可抑制酪氨酸酶的活性，有一定刺激性和致敏性，但对于不耐受氢醌治疗的人很有价值	美白
富勒烯	具有极强的抗氧化和清除自由基作用，常用于美白、抗皱、抗衰护肤品中	美白、抗衰老
黄芪提取物	提取自中药黄芪，具有良好的抗氧化、抗菌能力，常用于美白和抗衰护肤品中	美白、抗衰老
人参根提取物	能够抗氧化、抗糖化、促进胶原蛋白合成；还具有抗炎作用，是十分经典的美白抗衰老物质	美白、抗衰老
维生素 C	是自然界中最广泛存在的抗氧化剂，有可靠的美白作用，也是胶原蛋白合成过程中的必需物质。但在水中非常不稳定，容易变黄和失活	美白、抗衰老
绿茶提取物	有效成分是多酚类，已知可减少 DNA 损伤、日光炎症和红斑，是极强的抗氧化剂，同时具有美白作用	美白、抗衰老、抗炎
烟酰胺	2% 的烟酰胺对皮肤屏障功能有修复作用，也可减少油脂分泌，促进真皮胶原蛋白合成，对光老化有明显改善作用，比较温和。缺乏烟酰胺容易患皮炎	美白、抗衰老、抗痘
生育酚	最重要的油溶性抗氧化剂，也是一种光保护剂，可以清除自由基、减轻炎症反应、减轻老化，可以保护油脂免受氧化	抗衰老

续上表

成分名称	成分说明	功效
维生素 B_6	包括吡哆醇、吡哆醛和吡哆胺，具有抗氧化的作用	抗衰老
泛醌/辅酶 Q10	温和而天然的成分，具有极强的抗氧化作用，颜色淡黄	抗衰老
超氧化物歧化酶	是一种新型酶制剂，是生物体内氧自由基的天然清除剂	抗衰老
卵磷脂	主要提取自大豆和蛋黄，可作为乳化剂、皮肤调理剂和抗氧化剂	抗衰老
维生素 A	一种公认的可抗衰老、抑制皮脂分泌、对角质细胞代谢有重要调控作用的成分，常用于抗衰、抗粉刺护肤品中，具有一定刺激性	抗衰老、祛痘

类别	护肤流程	护肤品	具体方法与步骤
清洁	卸妆	卸妆水、卸妆乳、卸妆霜、卸妆油、眼唇卸妆液	卸眼妆： ☞ 闭上眼睛，用化妆棉蘸取足量的眼部专用卸妆液，覆盖眼睑约 20 秒； ☞ 将覆盖在眼睑上的化妆棉轻柔地向眼尾方向移动，慢慢擦掉上眼睑的彩妆； ☞ 轻轻闭上眼睛，将擦拭过的化妆棉抵在下眼睑上，用棉棒蘸取眼部专用卸妆液，按住睫毛并轻轻擦掉睫毛膏； ☞ 用化妆棉沿眼角向眼尾轻轻移动，将下眼睑残留的眼影和睫毛膏擦拭干净
			卸唇妆： ☞ 卸唇妆、唇彩时，将适量的唇部卸妆产品倒在化妆棉上，敷在唇上停留 5～10 秒； ☞ 再由嘴角一侧向另一侧横向移动轻轻擦拭多次，直至擦拭干净即可
			卸面妆： ☞ 化妆棉蘸取足量的卸妆水； ☞ 顺着脸部肌肤的纹理，用化妆棉先沿下巴到耳侧，再沿鼻翼到耳朵进行轻轻擦拭； ☞ 鼻梁处则用化妆棉由上至下轻轻擦拭； ☞ 额头部分则用化妆棉进行横向轻轻擦拭； ☞ 直至面部彩妆被清洁干净
	洁面	洁面乳、洁面啫喱、洁面膏、洁面皂、洁面粉、洁面慕斯	☞ 取硬币大小的洁面乳，用水或起泡海绵打出细腻泡沫； ☞ 将泡沫点涂在额头、脸颊两侧、鼻头、下巴处； ☞ 用中指和无名指指腹从下巴开始由下往上进行螺旋打小圈方式，一直到脸颊及额头部位，鼻头部位则由上往下打圈，至清洁干净即可； ☞ 最后用清水将面部彻底冲洗干净，用毛巾擦干多余水分，趁脸部略潮湿时涂上化妆水避免干燥

类别	护肤流程	护肤品	具体方法与步骤
清洁	去角质	去角质凝胶、去角质磨砂膏	☞ 将去角质凝胶均匀涂抹在脸部和颈部的皮肤上； ☞ 用中指指腹以适度的力道按摩面部 T 区及脸颊部位，至出现搓泥现象即可； ☞ 用中指指腹交叉来回按摩下巴，至出现搓泥现象即可； ☞ 用中指指腹轻轻按摩颈部皮肤，至出现搓泥现象即可； ☞ 用清水将面部及颈部彻底冲洗干净，用毛巾擦干多余水分，趁脸部及颈部略潮湿时涂上化妆水避免干燥
补水保湿	补水	保湿喷雾、化妆水	喷雾保湿： ☞ 头微微仰起，距离脸部 10 ～ 15 cm 处，按压喷头，尽可能使脸部承接更多水分； ☞ 用中指及无名指指腹轻弹全脸，帮助水分渗透进肌肤内； ☞ 用面巾纸轻按面部，擦掉肌肤表面多余的水分，以免自然风干，带走水分 化妆水柔肤： ☞ 在化妆棉上倒适量化妆水，至充分浸湿化妆棉的程度； ☞ 从颈部开始，从下往上轻柔擦拭颈部肌肤，同时滑动提拉至脸颊部位； ☞ 额头部位则用浸湿化妆水的化妆棉轻柔横向擦拭； ☞ 重新换一张化妆棉，蘸足量化妆水，从上向下擦拭面部 T 区及唇周；仔细清洁鼻子两侧，并轻轻按压，带走残留油污

类别	护肤流程	护肤品	具体方法与步骤
补水保湿	保湿	乳液、精华	乳液补水保湿： ☞ 取适量乳液点涂在额头、脸颊、下巴及颈部； ☞ 用中指和无名指指腹从颈部开始逐步往上，直至额头部位，自下而上将乳液涂抹均匀； ☞ 用中指和无名指指腹由内往外、由下往上打圈，轻轻按摩皮肤，使营养成分充分吸收
		面霜	面霜锁水保湿： ☞ 取适量面霜点涂在额头、脸颊、下巴及颈部； ☞ 用中指和无名指指腹从颈部开始逐步往上，直至额头部位，自下而上将面霜涂抹均匀； ☞ 用中指和无名指指腹由内往外、由下往上打圈，轻轻按摩皮肤，使营养成分充分吸收； ☞ 用手掌轻抚脸庞，借助手心的温度，使养分渗透至肌肤底层
		面膜	面膜补水： ☞ 将面部充分清洁干净，用化妆棉蘸取少量化妆水在面部均匀擦拭； ☞ 取出面膜布，将面膜布准确地贴合在面部； ☞ 用中指和无名指指腹轻轻地将气泡排出； ☞ 将面膜布在脸上敷 15～20 分钟； ☞ 将面膜布从下往上轻轻地取下，用清水清洁干净
防晒	防晒	防晒霜、防晒乳、防晒露、防晒喷雾	☞ 将防晒霜点涂在额头、两颊、鼻部、下巴处，再顺着肌肤纹理由内向外推匀； ☞ 脖子部位利用手掌由下往上均匀推开； ☞ 其余裸露部位也可均匀涂抹适量防晒产品

附表3　15种常见皮肤病

皮肤病	概述	病因
扁平疣	又称青年扁平疣，老百姓俗称"瘊子"，好发于青少年面部和手部。表现为大小不等的扁平丘疹，轻度隆起，表面光滑，呈圆形、椭圆形或不规则形状，界线清楚，可密集成群或由于局部搔抓而呈线状排列	扁平疣由人乳头状瘤病毒（HPV）感染引起，可通过密切接触传播，或接触被患者污染的用品传播，如针、刷子、毛巾等。外伤也是引起传染的重要因素
色素痣	简称"黑痣"，几乎所有人都有。外观看起来可能是扁平、隆起、疣状及颗粒状等，颜色可能有淡褐色、深褐色、黑色或蓝色	色素痣由表皮、真皮内黑色素细胞增多引起的
毛囊炎	中医称"发际疮""燕窝疮"等，好发于头部、项部。刚开始为与毛囊口一致的红色丘疹，迅速发展成脓疱性丘疹，中间有毛发穿过，周边红晕，再干燥结痂。若病情进一步加重，可发展为疔疮	毛囊炎种类繁多，主要是感染性毛囊炎，其主要病因是细菌等病原体感染毛囊，引发炎症。高温、多汗、搔抓、不良卫生习惯、免疫力下降等不利因素也会促进毛囊炎的发生
酒渣鼻	学名为"玫瑰痤疮"，俗称"红鼻子"，好发于面部中央，中年人为主，鼻尖、鼻翼等部位较为多见，对称分布。主要表现为红斑、丘疹、毛细血管扩张，损害初期为暂时性阵发性红斑，以后可持续不退，并有浅表的毛细血管扩张	酒渣鼻的病因较为复杂，与多种因素有关，主要有遗传因素、神经血管功能紊乱、皮肤屏障功能损伤、免疫性炎症反应等。另外，毛囊虫感染、日晒、经常喝酒、食辛辣刺激性食物、高温及寒冷刺激、情绪、内分泌障碍等因素也会促进酒渣鼻的发生

皮肤病	概述	病因
口周皮炎	好发于青年女性，发病部位主要是"口罩区"，即口周、下颌及鼻侧，皮损表现为对称分布于口周的丘疹、丘疱疹、脓疱、红斑、鳞屑，局部可有轻度瘙痒或烧灼感。病情反复发作，日光、饮酒、进热食、寒冷刺激后皮损容易复发或加重	口周皮炎发病原因目前尚不清楚。长期使用含氟糖皮质激素或者含氟牙膏是最常见的原因，其他因素有日光、感染、皮脂溢出、过敏性皮炎、内分泌改变、使用激素等，避孕药、含油脂丰富的护肤品、含汞的化妆品的作用也可能诱发本病
接触性唇炎	分为急性接触性唇炎和慢性接触性唇炎。急性接触性唇炎有肿胀、水疱，甚至糜烂、结痂等特征，轻者仅局部脱屑。慢性接触性唇炎则有口唇肿胀、肥厚、弹性差、干燥、皲裂等特征。长期不愈可发展成白斑、疣状结节，有发生癌变的可能	接触性唇炎可由接触某些刺激物引起，如外用药、洁牙剂、唇膏、指甲油等；或由食用某些食物引起，如橘子、柠檬和芒果等
痱子	又称"汗疹""热疹""粟粒疹"，是夏季或湿热环境中常见的一种表浅性、炎症性皮肤病。好发于皱襞部位，主要表现为皮肤上出现的小水疱、丘疹、丘疱疹或脓疱，可有瘙痒、疼痛或灼痛感。环境通风降温后，痱子一般会自然消退	痱子主要是由汗管阻塞引起的。由于环境中气温高、湿度大、出汗过多、不易蒸发，汗渍使表皮角质层浸渍，致使汗腺导管闭塞，导管内汗液潴留后因内压高而发生破裂，汗液渗入周围组织引起刺激，于汗孔处发生疱疹和丘疹

续上表

皮肤病	概述	病因
神经性皮炎	中医称"牛皮癣""干癣"，多见于年轻人和成年人的脖子、手腕、手臂、手肘、小腿或尾骨部、肛门等部位。临床表现为阵发性剧烈瘙痒，搔抓后易引起表皮剥脱及血痂，甚至可引起湿疹样皮炎和继发感染	神经性皮炎目前没有明确病因，一般认为与下面三个方面有关：精神因素，情绪波动、精神过度紧张、焦虑不安等均可使病情加重和反复；胃肠道功能障碍、内分泌系统功能异常、体内慢性病灶感染等，也可能成为致病因素；局部刺激，如衣领过硬而引起的摩擦、化学物质刺激、昆虫叮咬、阳光照射、搔抓等，均可诱发本病
荨麻疹	俗称"风疹块"，好发于女性，主要表现为风团或血管性水肿。分为急性荨麻疹和慢性荨麻疹：急性荨麻疹起病快，剧痒，随后出现形态各异、大小不一的鲜红色风团，风团可为圆形、椭圆形、孤立、散在或融合成片；慢性荨麻疹风团时多时少，此起彼伏，反复发生，一般持续4周以上	急性荨麻疹多与食物药物过敏、感染等因素相关；慢性荨麻疹的病因与感染、自身免疫、精神神经因素等诸多因素相关。通常将病因分为外源性和内源性。 外源性病因：物理刺激、食物、药物、植物、运动等；内源性病因：精神紧张、过于劳累、慢性隐匿性感染、一些自身免疫及慢性疾病如甲状腺疾病等

皮肤病	概述	病因
冻疮	中医称"冻烂疮"，是寒冷季节常见病。好发于手指、手背、足趾、足跟及耳郭等处。主要表现为手脚发麻，皮肤有红斑或暗红斑，略微肿胀，自我感觉有瘙痒、灼热或刺痛，受热后加剧；情况严重时可能出现水疱、大疱，破溃后出现糜烂或溃疡，不容易愈合，即便愈合后一般也会留有色素沉着或萎缩性瘢痕。冻疮病程缓慢，气候转暖后自愈，次年易复发	冻疮发病的主要原因为寒冷。缺乏运动、手足多汗潮湿、鞋袜过紧及长期户外低温下工作等因素均可致使冻疮的发生
白癜风	白癜风可发生于人体的各个部位，主要表现为皮肤白斑，斑片中心通常白色显著，而其周围皮肤呈淡白色。可以单独出现在一个部位，尤其好发于暴露、摩擦及皮肤褶皱处，或广泛分布，也可完全或部分沿某一神经节段单侧发病	白癜风主要是黑色素细胞被破坏，导致黑色素生成减少而出现的，与患者自身免疫系统疾病、遗传因素、神经化学物质有关。另外，以下因素也会诱发白癜风：精神因素，如过度劳累、焦虑、压力过大；皮肤损伤，如严重的晒伤或割伤；生活或工作中接触某些化学物品；分娩、外伤

续上表

皮肤病	概述	病因
粟丘疹	又叫"脂肪粒",多发于女性面部,尤其是眼睑、脸颊部位,皮疹常为多发性,表现为白色或淡黄色的圆形小丘疹,直径 1～2 mm,无自觉症状,以针挑破之,可挤出少量白色角质	粟丘疹分为原发性粟丘疹和继发性粟丘疹,前者多与有遗传因素有关;后者多伴发大疱性皮肤病或炎症性疾病,如大疱性表皮松懈症、皮肤卟啉症等。外伤后引起的粟丘疹往往发生于擦伤、搔抓部位和面部炎症性发疹以后,也可发生于皮肤磨削术后
脂溢性皮炎	又称"脂溢性湿疹",多发于成年人和新生儿的头皮、眉部、眼睑、鼻及两旁、耳后、颈、前胸等皮脂腺分布较丰富的部位。典型皮损为边界不清的暗黄红色斑、斑片或斑皮疹,大部分表面干燥、脱屑,少部分表面被覆油腻性鳞屑或痂皮	脂溢性皮炎的病因尚未完全明确,有研究认为与年龄、性别有关。另外,皮脂溢出、马拉色菌感染、免疫紊乱和免疫缺陷也可能引发此病
激素依赖性皮炎	激素依赖性皮炎好发于面部,常伴有灼热、瘙痒、刺痛、紧绷感等自觉症状,病程慢性,易反复发作。皮损呈多形性,皮肤潮红、干燥、脱屑。伴有刺痛、烧灼感,易反复发作,造成皮肤损伤,不但影响容貌,还会造成心理负担	由于长期反复外用糖皮质激素,抑制表皮细胞的增殖与分化,导致角质层细胞的减少及功能异常,破坏了表皮通透性障碍及降低了角质层含水量,从而出现一连串的炎性反应。此外,与微生物感染也有一定的关系

皮肤病	概述	病因
日光性皮炎	又称"急性日晒伤"，是皮肤接受强烈光线照射后产生的一种急性损伤性皮肤反应，春末夏初多见，好发于儿童、妇女、滑雪及水面工作者，其症状程度与光线强弱、照射时间、肤色、体质等有关。患处皮肤表现为红肿、灼热、疼痛，甚至出现水疱、灼痛、皮肤脱屑等症状，有的患者还会出现头痛、发热、恶心、呕吐等全身症状	日光性皮炎一方面是由皮肤接受了超过耐受量的紫外线照射引起的，另一方面可能是部分患者属于易晒伤皮肤，经过紫外线照射后容易引起晒伤。引起该病的高危因素主要是长期、长时间暴露于高强度的紫外线环境下

参 考 文 献

[1] 阿德勒. 皮肤的秘密 [M]. 刘立，译. 北京：东方出版社，2019.

[2] 安建荣. 皮肤的抗议书 [M]. 青岛：青岛出版社，2018.

[3] 宝拉·培冈，布莱恩·拜伦，德希莉·斯托达. 美丽圣经：升级版 [M]. 程云琦，童文煦，译. 桂林：广西师范大学出版社，2017.

[4] 宝拉·培冈，布莱恩·拜伦. 带着我去化妆品柜台 [M]. 程云琦，童文煦，译. 上海：上海文艺出版社，2013.

[5] BAUMANN L. 专属你的解决方案：完美皮肤保养指南 [M]. 洪绍霖，孙秋宁，译. 北京：北京大学医学出版社，2013.

[6] 冰寒. 素颜女神：听肌肤的话 [M]. 2 版. 青岛：青岛出版社，2019.

[7] 冰寒. 听肌肤的话 2：问题肌肤护理全书 [M]. 青岛：青岛出版社，2019.

[8] 方洪添，谢志洁. 化妆品消费安全常识 [M]. 北京：科学出版社，2017.

[9] 傅田光洋. 皮肤的心机：身体边界的另一面 [M]. 甘菁菁，译. 北京：人民邮电出版社，2018.

[10] 关英杰，金锡鹏. 环境因素对皮肤衰老的影响 [J]. 环境与职业医学，2002，19（2）：113 - 115.

[11] 国家食品药品监督管理总局. 化妆品成分表中的各种成分都有什么作用？ [EB/OL]. [2017 - 10 - 25]. http://samr.cfda.gov.cn/WS01/CL2015/179299.html.

[12] 国家食品药品监督管理总局. 如何解读化妆品成分表？ [EB/OL].

[2017 - 10 - 25]. http://samr.cfda.gov.cn/WS01/CL2015/179298.html.

[13] 韩秀珍，韩秀莲. 良好心态与皮肤健康：情绪变化对皮肤的影响及预防方法 [J]. 新疆医学，2005，35：137 - 138.

[14] 何黎，李利. 中国人面部皮肤分类与护肤指南 [J]. 皮肤病与性病，2009（4）：14 - 15.

[15] 何黎. 美容皮肤科学 [M]. 2 版. 北京：人民卫生出版社，2011.

[16] HONARI G，ANDERSEN R，MAIBACH H. 敏感性皮肤综合征 [M]. 2 版. 杨蓉娅，廖勇，译. 北京：北京大学医学出版社，2019.

[17] 胡珍，于春水. 皮肤屏障功能的研究进展 [J]. 中华临床医师杂志（电子版），2013，7（7）：3101 - 3103.

[18] 黄丽娃，晏志勇. 美容营养学 [M]. 武汉：华中科技大学出版社，2018.

[19] 黄巧莹，邹金梅. 临床护士睡眠质量对皮肤影响的调查分析及对策 [J]. 中外医学研究，2014，12（10）：75 - 76.

[20] 黄显琼，孙仁山. PM2.5 对皮肤影响的研究进展 [J]. 皮肤性病诊疗学杂志，2018，25（1）：47 - 49.

[21] KENJI，ALEX T. 护肤品全解码：100 款超人气护肤品成分大检阅 [M]. 北京：人民邮电出版社，2015.

[22] 雷万军，崔磊. 皮肤美容学基础与应用 [M]. 北京：中国中医药出版社，2013.

[23] 李利，何黎，刘玮，等. 护肤品皮肤科应用指南 [J]. 中国皮肤性病学杂志，2015，29（6）：553 - 555.

[24] 李利. 美容化妆品学 [M]. 2 版. 北京：人民卫生出版社，2011.

[25] 李小琼，魏志平，刘彦群. 皮肤屏障功能与皮肤病 [J]. 中国麻风皮肤病杂志，2014，30（12）：731 - 733.

[26] 刘玮. 皮肤屏障功能解析 [J]. 中国皮肤性病学杂志，2008，22（12）：758 - 761.

[27] 柳顺玉. 女人面色润、妇科好、精神足，养好内分泌是关键 [M]. 南京：江苏凤凰科学技术出版社，2015.

[28] 卢杨，赵鹏忠，彭蜀晋. 认识防晒化妆品 [J]. 化学教学，2008，（6）：58 - 60.

[29] 罗亦可. 运动与健康 [M]. 武汉：武汉理工大学出版社，2005.

[30] 骆丹. 只有皮肤科医生才知道：肌肤保养的秘密 [M]. 北京：人民卫生出版社，2017.

[31] 马金凤，王文颖，谷娜，等. 面部皮肤的护理保健 [J]. 中国医药指南，2009，7（6）：139 – 140.

[32] 莫嫡. 护肤问莫嫡 [M]. 北京：清华大学出版社，2018.

[33] MILADY. 国际美容护肤标准教程 [M]. 马东芳，译. 北京：人民邮电出版社，2016.

[34] 宋丹. 美容圣经 [M]. 长春：吉林科学技术出版社，2014.

[35] 宋丽晅，胡晓萍. 关于护肤，你应该知道的一切 [M]. 南京：译林出版社，2016.

[36] 宋琦如，金锡鹏. 皮肤美白剂的作用原理及其存在的卫生问题 [J]. 环境与健康杂志，2000，17（2）：119 – 120.

[37] 宋兆友，宋宁静，许筱云. 皮肤美容与保健的原则和方法 [J]. 皮肤病与性病，2008，30（3）：15 – 18.

[38] 项蕾红. 中国痤疮治疗指南（2014 修订版）[J]. 临床皮肤科杂志，2015，44（1）：52 – 57.

[39] 杨永勤. 饮食对睡眠的影响 [J]. 西藏科技，2009（1）：48 – 49.

[40] 尹莹，吴景东. 皮肤老化的防治方法 [J]. 中华医学美学美容杂志，2007，13（1）：53 – 54.

[41] 虞瑞尧. 皮肤屏障功能与润肤保湿霜 [J]. 岭南皮肤性病科杂志，2003，10（3）：222 – 224.

[42] 张建中. 从头到脚皮肤好 [M]. 北京：科学技术文献出版社，2018.

[43] 张峻. 面部敏感性皮肤的日常护理 [J]. 世界最新医学信息文摘，2018，18（72）：294，296.

[44] 张磊. 皮肤与饮食营养关系研究 [J]. 现代商贸工业，2010，21：139 – 140.

[45] 张婷，饶向婷，潘晓康，等. PPDO 线雕面部提升术的围手术期护理 [J]. 岭南现代临床外科，2017，17（4）：498 – 499.

[46] 张晓梅. 美容师：初级 [M]. 中国劳动社会保障出版社，2006.

[47] 张晓梅. 美容师：高级 [M]. 中国劳动社会保障出版社，2006.

参考文献

［48］ 张晓梅. 美容师：基础知识［M］. 中国劳动社会保障出版社，2006.

［49］ 张晓梅. 美容师：中级［M］. 中国劳动社会保障出版社，2006.

［50］ 赵惠娟，闫慧敏，郭独一，等. 饮食与生活习惯对痤疮发病的影响［J］. 中国麻风皮肤病杂志，2016，32（10）：588 - 591.

［51］ 郑志忠，李利，刘玮，等. 正确的皮肤清洁与皮肤屏障保护［J］. 临床皮肤科杂志，2017，46（11）：824 - 826.

［52］ 周毅. 达脸［M］. 南京：江苏凤凰文艺出版社，2018.

［53］ 朱学骏，吴艳，仲少敏. 跟皮肤专家学护肤［M］. 北京：人民卫生出版社，2016.